U0899669

《智能科学技术著作丛书》编委会

智能科学技术著作丛书

多智能体即时策略对抗方法与实践

苏炯铭 刘鸿福 陈少飞 项凤涛 编著

科学出版社

北京

内 容 简 介

本书以即时策略游戏《星际争霸》作为研究案例，阐述目前游戏智能中解决复杂环境下不完全信息动态博弈问题的方法，为多智能体即时策略对抗技术的开发实践提供指导。全书共10章，主要内容包括：绪论、多智能体即时策略对抗基础、多智能体双向协调网络、反事实多智能体策略梯度、共享参数多智能体策略下降Sarsa(λ)算法、进化策略算法、《星际争霸》AI研究环境搭建、《星际争霸》即时策略对抗AI开发基础、基于知识驱动的启发式策略开发实战、多智能体强化学习方法开发实战。本书为深入研究此类问题提供了全局视野、基本理论和实践方法，为后续研究奠定了良好的基础。

本书可供人工智能及无人作战等相关专业的本科生、研究生以及即时策略游戏对抗开发设计人员参考，也可供人工智能相关领域的科研人员阅读和参考。

图书在版编目(CIP)数据

多智能体即时策略对抗方法与实践/苏炯铭等编著. —北京：科学出版社，2019.11

(智能科学技术著作丛书)

ISBN 978-7-03-062142-9

Ⅰ. ①多… Ⅱ. ①苏… Ⅲ. ①人工智能-应用-电子游戏-研究 Ⅳ. ①G898.3 ②TP18

中国版本图书馆CIP数据核字(2019)第180943号

责任编辑：张海娜 赵微微 / 责任校对：郭瑞芝
责任印制：吴兆东 / 封面设计：陈 敬

科学出版社出版
北京东黄城根北街16号
邮政编码：100717
http://www.sciencep.com
北京厚诚则铭印刷科技有限公司 印刷
科学出版社发行 各地新华书店经销
*
2019年11月第 一 版 开本：720×1000 B5
2022年 2 月第三次印刷 印张：10 3/4
字数：212 000

定价：85.00元

(如有印装质量问题，我社负责调换)

《智能科学技术著作丛书》序

"智能"是"信息"的精彩结晶，"智能科学技术"是"信息科学技术"的辉煌篇章，"智能化"是"信息化"发展的新动向、新阶段。

"智能科学技术"（intelligence science & technology，IST）是关于"广义智能"的理论方法和应用技术的综合性科学技术领域，其研究对象包括：

- "自然智能"（natural intelligence，NI），包括"人的智能"（human intelligence，HI）及其他"生物智能"（biological intelligence，BI）。
- "人工智能"（artificial intelligence，AI），包括"机器智能"（machine intelligence，MI）与"智能机器"（intelligent machine，IM）。
- "集成智能"（integrated intelligence，II），即"人的智能"与"机器智能"人机互补的集成智能。
- "协同智能"（cooperative intelligence，CI），指"个体智能"相互协调共生的群体协同智能。
- "分布智能"（distributed intelligence，DI），如广域信息网、分散大系统的分布式智能。

"人工智能"学科自1956年诞生以来，在起伏、曲折的科学征途上不断前进、发展，从狭义人工智能走向广义人工智能，从个体人工智能到群体人工智能，从集中式人工智能到分布式人工智能，在理论方法研究和应用技术开发方面都取得了重大进展。如果说当年"人工智能"学科的诞生是生物科学技术与信息科学技术、系统科学技术的一次成功的结合，那么可以认为，现在"智能科学技术"领域的兴起是在信息化、网络化时代又一次新的多学科交融。

1981年，中国人工智能学会（Chinese Association for Artificial Intelligence，CAAI）正式成立，25年来，从艰苦创业到成长壮大，从学习跟踪到自主研发，团结我国广大学者，在"人工智能"的研究开发及应用方面取得了显著的进展，促进了"智能科学技术"的发展。在华夏文化与东方哲学影响下，我国智能科学技术的研究、开发及应用，在学术思想与科学方法上，具有综合性、整体性、协调性的特色，在理论方法研究与应用技术开发方面，取得了具有创新性、开拓性的成果。“智能化”已成为当前新技术、新产品的发展方向和显著标志。

为了适时总结、交流、宣传我国学者在“智能科学技术”领域的研究开发及应用成果，中国人工智能学会与科学出版社合作编辑出版《智能科学技术著作丛书》。需要强调的是，这套丛书将优先出版那些有助于将科学技术转化为生产力以及对社会和国民经济建设有重大作用和应用前景的著作。

我们相信，有广大智能科学技术工作者的积极参与和大力支持，以及编委们的共同努力，《智能科学技术著作丛书》将为繁荣我国智能科学技术事业、增强自主创新能力、建设创新型国家做出应有的贡献。

祝《智能科学技术著作丛书》出版，特赋贺诗一首：

智能科技领域广
人机集成智能强
群体智能协同好
智能创新更辉煌

涂序彦

中国人工智能学会荣誉理事长

2005 年 12 月 18 日

前　言

本书以经典的即时策略游戏《星际争霸》(StarCraft)为案例，阐述目前游戏智能中解决复杂环境下不完全信息动态博弈问题的方法，为多智能体即时策略对抗技术的开发实践提供指导。本书的内容主要出于以下两方面的考虑：

一方面，从人工智能技术发展的角度来看，复杂环境下不完全信息动态博弈问题已成为亟待解决的前沿热点问题，而多智能体即时策略对抗技术是其核心技术之一。当前以深度学习和强化学习为代表的人工智能技术取得了较大的突破，以围棋为代表的完全信息动态博弈问题已基本解决；人工智能技术从计算智能、感知智能向群体智能、认知智能发展；多智能体即时策略对抗问题的解决方法从传统的基于预编程规则的方法转向以智能体自主强化学习为主的方法。多智能体深度强化学习是当前深度强化学习研究领域的前沿，采用深度学习与强化学习结合的方法研究多智能体间的合作、竞争和对抗任务，能为解决未来军事协同对抗问题提供新的有效途径。

另一方面，从应用需求和人才培养的角度来看，未来战争将朝着智能化、无人化、集群化的方向发展，在作战体系对抗任务规划、无人系统集群自主对抗和作战仿真推演等领域，都需要引入基于先进人工智能技术的新研究框架、基础理论和解决方法。因此，需加强学生在这方面技术能力的培养，为今后从事军事智能决策方法和系统设计研究打下坚实的实践基础。本书通过算法详解、人工智能(artificial intelligence，AI)研究环境搭建、编程示例等方式指导学生，培养学生的解决问题的实践能力。

本书探讨的多智能体即时策略对抗主要是指即时策略游戏中的微观管理，而不是指其游戏的全流程对战。采用机器学习的方法研究全流程对战所需的计算资源巨大，问题难度和复杂度非常高，因此不适宜作为教学实践内容；而其中的微观管理问题，其难度随智能体数量和种类的增加而增加，兼顾难度和可实现性，与智能化作战有很大的相似度，是当前研究与游戏智能竞赛的主流。微观管理是全流程对战的重要环节，其解决方法在军事协同对抗领域具有很好的应用前景。

本书以《星际争霸》为案例，第 1 章主要介绍多智能体即时策略对抗的概念、内涵、国内外研究现状，以及主要的《星际争霸》AI 比赛；第 2 章主要介绍多智能体即时策略对抗基础，包括多智能体即时策略对抗形式化描述、多智能体强化学习基础、当前的主要解决方法、强化学习算法研究流程、《星际争霸》AI 研究环境及典型对抗场景和算法性能基准；第 3～6 章分别介绍多智能体双向协调网络、反事实多智能体策略梯度、共享参数多智能体策略下降 Sarsa(λ)算法、进化策略方法，这些代表性方法采用数据驱动的学习方法能够从不同的侧面和角度部分解决问题，但离问题的最终解决还有较大距离，需要学者不懈深入研究；第 7 章主要介绍《星际争霸》AI 研究环境搭建，首先简单介绍所需的工具软件 Anaconda 和 PyCharm，然后分别介绍两种搭建方式：Win-Linux 模式和单 Linux 模式，分别适用不同的研究问题；第 8 章主要介绍《星际争霸》即时策略对抗 AI 开发基础，包括 Gym 接口规范、《星际争霸》对抗环境开发和最简单的对抗入门实例；第 9 章介绍基于知识驱动的启发式策略开发实战，实现攻击最近敌方和攻击最弱最近敌方策略，对影响胜率的不同因素进行初步实验和结果分析；第 10 章主要介绍多智能强化学习方法开发实战，尝试复现第 3 章所提出的双向协调网络。

本书在写作过程参考了国内外大量相关的论文、论著和资料，在此对这些文献的作者表示诚挚的谢意。

感谢国家自然科学基金(61806212、61403411、61702528、61603403、U1734208、61603406)和湖南省自然科学基金(2019JJ50724)对本书的资助。

由于作者水平有限，书中难免存在不妥之处，敬请各位专家、读者批评指正。

作　者

2019 年 6 月于国防科技大学

目　　录

第1章　绪　　论

未来军事对抗具有环境高复杂、信息不完整、博弈强对抗、响应高实时、自主无人化等突出特征，军事作战任务规划、无人系统集群自主对抗和作战仿真推演等领域都迫切需要引入先进的人工智能技术。近年来，以深度学习和强化学习为代表的人工智能技术取得了很大突破，各国加快军事智能化发展，急需将最新的理论、方法和技术应用于军事领域，同时军事领域的应用需求将极大促进相关技术的快速发展。多智能体深度强化学习是当前机器学习研究领域的前沿，采用深度学习与强化学习结合的方法研究多智能体间的完全合作任务，为解决未来军事协同对抗问题提供了新的有效途径。

当前，决策空间巨大、信息不完全的多智能体即时策略对抗技术尚未取得突破，基于深度强化学习和博弈论的理论和方法处于研究初期，还不完备，属于具有原创性和前瞻性的研究工作。针对多智能体即时策略对抗问题，以美英为代表的西方国家正在加大投入以进行深入研究，我国多个科研机构也紧随其后开展研究工作，并取得了若干进展。美国的国防高级研究计划局、微软、OpenAI、Facebook、加利福尼亚大学伯克利分校、纽约大学和英国的 DeepMind、牛津大学、伦敦大学学院等都对此问题开展了深入研究。国内的北京大学、阿里巴巴、腾讯、南京大学、中科院自动化研究所、国防科技大学等也各自从不同的角度试图解决该问题。针对此问题，在强化学习领域，还有很大的提升空间，很有可能做出一种性能更好的全新算法。

多智能体即时策略对抗技术的突破将颠覆现有军事行动规划与决策模式。未来军事行动规划与决策中，在已知战场环境、我方和敌方兵力部署后，作战行动方案将可以基于多智能体即时对抗策略生成技术在整个策略空间中不断探索和学习，为我方作战实体制定科学合理的行动策略，从而根据战场实时态势生成最佳的军事行动进行应对。该技术是我方指挥员的智能军师，可以为指挥员出谋划策；是无人系统操作员的得力助手，可以协助操作员指挥控制整个无人系统集群；是实力强劲的敌方指挥员，可以训练我方指挥员的指挥能力，同时分析、检验和评估我方作战行动方案的优劣。

1.1 概念与内涵

当前采用深度强化学习解决多智能体系统的研究正在逐步深入。从解决问题的角度，多智能体系统研究可以分为完全合作任务、完全竞争任务、混合竞争与合作任务三类。

在完全合作任务中，多智能体与环境进行交互学习，在此过程中，每个智能体获得全局奖励，即使每个智能体获得各自的奖励，也可以通过加权求和等方式形成全局奖励。这类任务的学习目标是最大化折扣累积全局奖励，即所有智能体一起努力，将全局奖励最大化。在解决方法方面有两种思路：第一种是采用基于单智能体强化学习的方法，将所有智能体动作视为一个动作向量，学习一个策略能够在每种状态下输出动作向量，使得折扣累积奖励最大；第二种是采用多智能体强化学习的方法，将每个智能体进行单独学习，每个智能体决定自己的动作，将集中式的动作向量拆分为独立的动作。多智能体强化学习涉及两个问题：第一个是信用分配问题，即如何确定每个智能体对全局奖励的贡献程度；第二个是智能体间协作问题，智能体间动作会相互影响，可能导致策略难以收敛，并且收敛的策略是局部最优而不是全局最优的策略。现实中特别在军事作战领域，大量零和随机博弈的团体间对抗十分常见，多智能体的协作问题也应运而生。相对于单智能体强化学习问题，多智能体协作具有更高的复杂度：一方面随着智能体数量的增加，其策略空间呈指数级增加，其难度远超围棋等棋类游戏；另一方面随着异构智能体的加入，多智能体间的通信、协作和配合变得更加重要。军事领域的多智能体智能对抗问题属于第一类完全合作任务，多个智能体之间相互协作和配合去完成共同的作战任务，这也是本书试图深入探讨和解决的任务。

在完全竞争任务中，每个智能体都只关心自己的奖励，想要最大化自己的折扣累积奖励，并不考虑自己的动作对其他智能体的影响。这其中一种典型的任务是两个智能体在环境中交互，它们的奖励互为相反数，所以智能体间不存在合作的可能。

在混合竞争与合作任务中，每个智能体独立获得自己的奖励，但是每个智能体只考虑最大化自己的奖励，这样反而可能使自己的奖励与其他智能体的奖励变得更少。在这种任务中，纳什均衡策略是一种保守的策略，能够确保自己奖励的下限，但是更好的策略是希望在学习中尝试与其他竞争智能体合作，达成共赢；如果不可行再收敛到纳什均衡。

多智能体即时策略对抗是指在特定战场环境下双方智能体发生即时对抗、相互战斗，以保存自己、消灭敌人为目标。在本质上，多智能体即时策略对抗是一个零和随机博弈过程，在对抗中各个智能体需要依据各自行动策略不断生成对抗行动，最大化我方的奖励。

在多智能体即时策略对抗过程中，我方多智能体从环境中获取状态和奖励，指导每个智能体进行策略学习，生成自己的动作，最后将联合动作作用于包含敌方智能体的环境之中，与敌方多智能体发生对抗后生成新的联合状态和奖励反馈至我方多智能体，整个过程如图 1.1 所示。

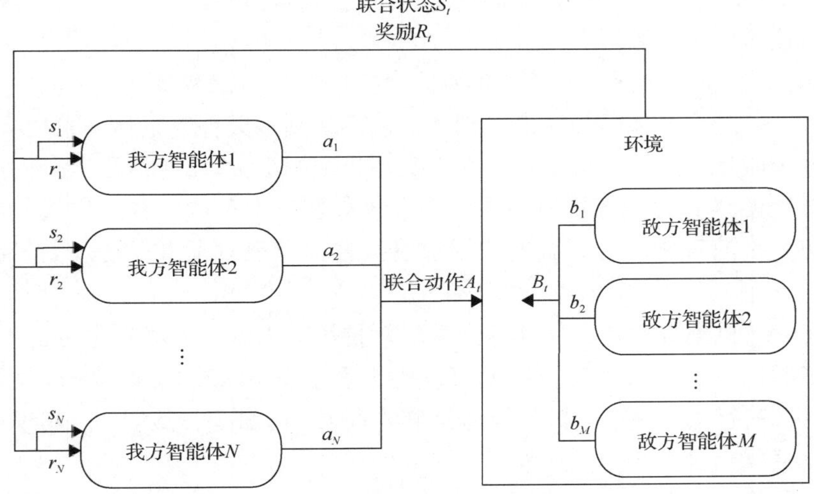

图 1.1 多智能体即时策略对抗

当前多智能即时策略对抗面临的挑战和困难主要包括以下几个方面：

(1) 信息不完全。不同于围棋或者象棋等完全信息下的博弈，多智能体即时策略对抗具有战争迷雾，使得我方获取的信息不完全。从全局角度来看，我方智能体对敌方智能体和环境等信息掌握不完全，所以必须去探路、侦察、了解对手的信息，从而在不确定的情况进行智能决策；从单智能体的角度来看，单个智能体的视野获取能力和通信能力也有限，在通信受限的拒止环境中很可能只能根据自己掌握的局部信息进行动作决策。

(2) 动作搜索空间巨大。围棋的搜索空间大概为 10^{170}，在 128×128 的地图上，控制 400 个智能体的行动搜索空间大概为 10^{1685}，比围棋高 10 个数量级，现有任意一个单一的算法不可能解决多智能体对抗里所有的问题。

(3) 即时对抗性。在多智能体对抗中必须在很短的时间(如数十毫秒至数百毫秒)内做出反应，而且这个反应不是一个动作，而是为其中的每个智能体生成一个动作。不仅如此，由于整个对抗过程都要进行决策，因此需要决策的步数非常多。

(4) 长期规划性。智能体不能是简单的应激-反应型个体，而是需要有记忆，需要根据作战目标考虑这场对抗在前期、中期、后期应该各采取什么策略，而且这个策略需要根据侦察到的所有信息动态调整。

(5) 时空推理决策。多智能体对抗必须在时序上、空间上去做推理决策，例如，如何利用地形优势、如何确定进攻的时机、何时应该进行侦察搜索、何时应该组织防御等。

(6) 多智能体协同。多智能体协同包括同兵种内部和多兵种之间的协作和配合，以及智能体间的通信机制等，从而达到多兵种的整体体系优势。

多智能体即时策略对抗技术在突破决策空间巨大、信息不完全、即时对抗、多智能体协同等难题后，在无人系统集群自主对抗、军事作战任务规划和仿真推演等领域有广阔的应用前景，将颠覆现有军事行动规划与决策模式。

在无人机集群对抗、智能弹药集群对抗等无人系统集群自主对抗领域，采用多智能体即时策略对抗技术可以为无人系统集群中的每个智能体即时生成对抗的行动，协调指挥智能体集群的攻击、防御等作战行为，实现极高人机比甚至全自主的作战过程。

在军事作战任务规划领域，针对任务规划面临的信息不完全、随机性大、策略复杂等挑战，采用人工智能领域的多智能体即时策略对抗技术，可以探索高度对抗环境下，基于不完全信息行为规划问题的高效求解方法，为作战任务规划的智能化提供支撑，为指挥员作战方案的制订出谋划策。

在作战仿真推演系统、兵棋推演系统等仿真推演领域，采用多智能体即时策略对抗技术可以作为敌方与我方进行模拟对抗，对我方的作战方案和计划进行分析和评估。这样的敌方更加科学合理，避免了由我方指挥员担任敌方指挥员所带来的思维定式、与敌方指挥员风格不符等问题。

1.2　国内外研究现状与发展趋势

近年来，深度学习(deep learning, DL)作为机器学习领域的一个重要研究热点，已经在图像分析、语音识别、自然语言处理、视频分类等领域取得了令人瞩目的成绩。DL的基本思想是通过多层的网络结构和非线性变换，组合低层特征，形成抽象的、易于区分的高层表示，以发现数据的分布式特征表示，DL侧重于对事物的感知和表达。强化学习(reinforcement learning，RL)的基本思想是通过最大化智能体从环境中获得的累积奖励值，以学习完成目标的最优策略，RL侧重于学习解决问题的策略。RL作为机器学习领域的另一个研究热点，已经广泛应用于仿真模拟、机器人控制、优化与调度、游戏博弈等领域。

深度强化学习(deep reinforcement learning，DRL)将具有感知能力的DL和具有决策能力的RL相结合，形成了人工智能领域新的研究热点。DRL是一种端对端(end-to-end)的感知与决策控制系统，具有很强的通用性。其学习过程可以描述为：①在每个时刻智能体与环境交互得到一个高维度的观察，并利用DL技术来感知观察，以得到抽象、具体的状态特征表示；②基于预期回报评价各动作的价值函数，并通过某种策略将当前状态映射为相应的动作；③环境对此动作做出反应，并得到下一个观察。通过不断循环以上过程，最终可以得到实现目标的最优策略。目前DRL在游戏、机器人控制、参数优化、机器视觉等领域中得到了广泛的应用，被认为是迈向通用人工智能(artificial general intelligence，AGI)的重要途径。同时，DRL引起了全世界军方的普遍关注，纷纷开始投入研究DRL在军事智能规划与决策领域的应用。

1.2.1　国内外研究现状

目前，基于DRL的单智能体研究已取得了重大进展，包括下围棋的AlphaGo[1, 2]、打德州扑克的Libratus[3]以及用于医疗诊断的Watson[4]等。DRL的主要方法包括基于值函数的DRL、基于策略梯度的DRL和基于搜索与监督的DRL。

基于值函数的DRL的典型代表是深度Q网络(deep Q-network，DQN)[5, 6]及其改进变体如深度双Q网络[7]、基于优势学习的深度Q网络[8]、基于优先级采样的深度Q网络[9]、基于竞争架构的深度Q网络[10]和深度循环Q网络[11]。

DQN 将卷积神经网络(convolutional neural network，CNN)与传统 RL 中的 Q 学习算法相结合，提出了 DQN 模型，用于处理基于视觉感知的控制任务，是 DRL 领域的开创性工作。

DQN 采用深度卷积网络近似表示当前的值函数，使用另一个目标网络来产生目标 Q 值。DQN 模型的输入是距离当前时刻最近的 4 幅预处理后的图像。该输入经过 3 个卷积层的深度卷积神经网络和 2 个全连接层的非线性变换，最终在输出层产生每个动作的 Q 值。DQN 在训练过程中使用经验回放(experience replay)机制：在每个时间步 t，将智能体与环境交互得到的状态转移过程样本存储到回放记忆缓存中；训练时，每次从经验缓存中随机抽取小批量的转移样本，并使用随机梯度下降(stochastic gradient descent，SGD)算法更新网络参数 θ。在训练深度网络时，通常要求样本之间是相互独立的，这种随机采样的方式，大大降低了样本之间的关联性，提升了算法的稳定性。DQN 采用 $Q(s,a|\theta_i)$ 表示当前值网络的输出，用来评估当前状态-动作对的值函数；$Q(s,a|\theta_i^-)$ 表示目标值网络的输出，一般采用 $Y_i = r + \gamma \max\limits_{a'} Q(s',a'|\theta_i^-)$ 近似表示值函数的优化目标，即目标 Q 值。当前值网络的参数 θ 是实时更新的，每经过 N 轮迭代，将当前值网络的参数复制给目标值网络。通过最小化当前 Q 值和目标 Q 值之间的均方误差更新网络参数。引入目标值网络后，在一段时间内目标 Q 值是保持不变的，一定程度上降低了当前 Q 值和目标 Q 值之间的相关性，提升了算法的稳定性。DQN 将奖励值和误差项缩小到有限的区间内，保证了 Q 值和梯度值都处于合理的范围，提高了算法的稳定性。实验表明，DQN 在解决如 ATARI 2600 游戏等类真实环境的复杂问题时，表现出与人类玩家相媲美的竞技水平，甚至在一些难度较低的非战略性游戏中，DQN 的表现超过了有经验的人类玩家。在解决各类基于视觉感知的 DRL 任务时，DQN 使用了同一套网络模型、参数设置和训练算法，这充分说明 DQN 方法具有很强的适应性和通用性。

基于策略梯度的 DRL 采用深度神经网络进行参数化表示策略，并利用策略梯度方法来优化策略，主要包括基于行动者-评论者(actor-critic，AC)的深度策略梯度方法及其改进变体，如异步优势 AC 算法等。基于 AC 框架的深度确定性策略梯度(deep deterministic policy gradient，DDPG)算法解决连续动作空间上的 DRL 问题[12]。DDPG 算法分别使用参数为 θ^μ 和 θ^Q 的深度神经网络表示确定性策略 $a=\pi(s|\theta^\mu)$ 和值函数 $Q(s,a|\theta^Q)$。其中，策略

网络用来更新策略，对应 AC 框架中的行动者；值网络用来逼近状态动作对的值函数，并提供梯度信息，对应 AC 框架中的评论者。在 DDPG 算法中，目标函数被定义为带折扣的奖励和：

$$J(\theta^{\mu}) = E_{\theta^{\mu}}(r_1 + \gamma r_2 + \gamma^2 r_3 + \cdots)$$

然后，采用 SGD 算法对目标函数进行端到端的训练和优化。DDPG 算法使用经验回放机制从经验缓存中获得训练样本，并将由 Q 函数关于动作的梯度信息从评论者网络传递给行动者网络。实验表明，DDPG 算法不仅在一系列连续动作空间的任务中表现稳定，而且求得最优解所需要的时间步也远远少于 DQN 算法。与基于值函数的 DRL 算法相比，DDPG 算法优化策略效率更高、求解速度更快。

基于搜索与监督的 DRL 主要采用蒙特卡罗树搜索（Monte Carlo tree search，MCTS）[13]和深度神经网络相结合的方法，其中围棋算法 AlphaGo 是其典型算法[1, 2]。AlphaGo 将 CNN 与 MCTS 相结合，使用 MCTS 近似估计每个状态的值函数，使用基于值函数的 CNN 来评估棋盘的当前布局和走子。AlphaGo 完整的学习系统主要由以下四个部分组成。

(1) 策略网络（policy network）：监督学习的策略网络和强化学习的策略网络。策略网络的作用是根据当前的局面来预测和采样下一步走子。

(2) 滚轮策略（rollout policy）：目标也是预测下一步走子，但是预测速度是策略网络的 1000 倍。

(3) 估值网络（value network）：根据当前局面，估计双方获胜的概率。

(4) MCTS：将策略网络、滚轮策略和估值网络融合进策略搜索的过程中，以形成一个完整的系统。

训练完成后的 AlphaGo 先后战胜了一位欧洲围棋冠军和一位世界围棋冠军，充分证明了基于 DRL 的计算机围棋算法已经达到了人类顶尖棋手的水准。AlphaGo 的成功对于通用人工智能的发展具有里程碑式的意义。

当前单智能体 DRL 算法取得了较大的进展，提出了一系列如 DQN[6]、A3C（asynchronous advantage actor-critic）[14]、DDPG[12]、PPO（proximal policy optimization）[15]等性能良好的学习算法。受到单智能体强化学习算法的启发，当前较先进的多智能体 DRL 算法取得了若干进展，其中典型的算法有 2016 年提出的交流神经网（communication neural net，CommNet）[16]、增强智能体间学习（reinforced inter-agent learning，RIAL）[17]和差异智能体间学习

(differentiable inter-agent learning，DIAL)[17]，2017 年提出的双向协调网络(bidirectionally-coordinated net，BiCNet)[18]、多智能体深度确定性策略梯度(multi-agent deep deterministic policy gradient，MADDPG)[19]和反事实多智能体(counterfactual multi-agent，COMA)策略梯度[20]，2018 年提出的参数共享多智能体梯度下降 Sarsa(λ)(parameter sharing multi-agent gradient descent Sarsa(λ)，PS-MAGDS)[21]、基于宏观动作的强化学习[22]和数据驱动的分层强化学习[23]等。

CommNet 默认智能体一定范围内采用全连接机制，对多个同类的智能体采用了同一个网络，用当前态(隐态)和交流信息得出下一时刻的状态，信息交流为隐态信息的均值。其优点是能够根据现实位置变化对智能体连接结构做出自主规划，而缺点在于信息采用均值过于笼统，不能够处理多个种类的智能体，只能处理同种智能体。CommNet 在交流公式递推中采取了平均值的形式，假设了所有智能体的权重相同，默认了智能体的一致性。

RIAL 算法和 DIAL 算法是单智能体策略演进算法 DQN 在多体问题上的扩展。RIAL 和 DIAL 个体行为中采取了类似 DQN 的解决方式，在智能体间进行单向信息交流，采用了单向环整体架构，两者的区别在于 RIAL 算法向一个智能体传递的是 Q 网络结果中的极大值，DIAL 算法则传递的是 Q 网络的所有结果。在实验中，两者均可以解决多种类协同的现实问题，且 DIAL 算法表现出了很好的抗信号干扰能力。但是，在处理非静态环境的快速反应问题上，RIAL 算法与 DIAL 算法的表现仍旧不足。RIAL 算法和 DIAL 算法在智能个体的 DQN 步骤间构建了网络连接，使得智能体的 DQN 算法评价 Q 值和行动 a 对应的最大 Q 值做到了信息的单向共享。在实际的表现中，DIAL 算法表现出了优于 RIAL 算法的性质，这一方面是因为传递的信息更多，另一方面是因为 Q 网络的全部结果体现了行动的全部可能性，胜过某一个结果所内含的可能性。DIAL 算法相对 RIAL 算法在智能体间的信号传递过程中表现较好的噪声容忍性，对于传递信号添加的适当噪声，仍然能保证训练的正常进行。DIAL 算法和 RIAL 算法的不足之处在于：①采取了单向环状的通信架构，连接结构僵化脆弱，无法耐受网络架构上的破坏；②动态规划能力不足，无法处理动态强的问题。

BiCNet 在个体行为上采取 DDPG 代替 DQN 作为提升算法，在智能体中采用了双向循环网络取代单向网络进行连接。这一算法在 DIAL 算法的基础上利用双向信息传递取代单向信息传递，在多种类协同的基础上一定程度地解决了快速反应的问题。然而，BiCNet 的组织架构思想仍旧没有摆脱链状拓扑结构或者环状拓扑结构，且不具有动态规划能力，在现实实践中会有很大问题。在相互摧毁的真实战术背景下，不具有动态规划能力的网络中一点的破坏会导致所有经过该点的所有信息交流彻底终止。在无法恢复的前提下，链状拓扑和环状拓扑对于网络中的每一端点过分依赖，导致少量几点的破坏会对智能体交流网络造成毁灭性影响，团体被彻底拆分失去交流协同能力。

MADDPG 算法针对多智能体合作-竞争任务学习，采用多智能体环境中的中心化学习(centralized learning)和去中心化执行(decentralized execution)方法，让智能体可以学习彼此合作和竞争，求解多智能体协调的复杂策略。研究表明，随着智能体数量的增加，梯度在正确方向上的减少与智能体的数量呈指数级关系。MADDPG 算法的缺点在于：每一个评论者需要观测到所有智能体的状态和动作，对于大量不确定智能体的场景，不是特别实用，而且当智能体数量特别多时，状态空间太过于巨大；每一个智能体都对应需要一个行动者网络和一个评论者网络，当智能体数量较多时，存在大量的模型。

COMA 策略中使用一个中心化的评论家估计 Q 值函数和去中心化的行动者，从而优化智能体的运行策略。除此之外，为了解决多智能体间互相建立信任的问题，使用了一个会把单个智能体的动作边缘化的反事实基准，同时还能保证其他智能体的动作不变。COMA 策略中使用了一个评论式的表征，从而使得这个反事实基准可以在单个前馈流程中进行高效的计算。在即时策略游戏《星际争霸》的单位控制测试环境中使用具有部分可观的去中心化变量评估 COMA 策略的表现。与这个环境下的其他多智能体 AC 算法相比，COMA 策略的平均表现显著变好，而且 COMA 策略得到的最好智能体的表现可以和顶尖的具有全状态数据的中心化控制方法相提并论。

PS-MAGDS 定义了一种高效的状态表征，破解了游戏环境中由大型状态空间引起的复杂性，接着提出 PS-MAGDS 算法训练智能体，使用一个神经网络作为函数近似器，以评估动作价值函数，并提出一个奖励函数帮助智能体平衡其移动和攻击，学习策略在我方智能体间共享以鼓励协作行为。此外，采用迁移学习方法把模型扩展到更加困难的场景，加速训练进程并提升学习性能。在小场景中，我方成功学习战斗并以 100%胜率击败了游戏内置 AI。

基于宏观动作的强化学习采用双层结构组织宏动作，上层代表高级战略/战术的宏动作，下层代表每个单元低级控制的小型操作。整个动作集分为水平子集和垂直子集，对于每个动作子集，为其分配一个单独的控制器。智能体只能看到局部动作集，以及与其动作相关的局部观察信息。在每个时间步，同一层的控制器可以同时采取行动，而下层的控制器必须以上层控制器为条件。

数据驱动的分层强化学习首先从高质量对抗数据的运动轨迹中自动提取宏观动作，其决策层包括每 K 个时间单元更新的上层策略和每个时间单元更新的子策略。该方法能够尽可能避免手工设定，在使用少量计算资源的条件下仍能高效学习，同时宏观动作的提取大幅减少行动空间，分层的策略可以大幅减少决策空间和决策频率。

即时策略(real-time strategy，RTS)游戏是多智能体 DRL 研究的主要平台和工具，为算法性能评估提供了基准的测试环境[24, 25]。因为 RTS 游戏是非常干净的平台，可以快速源源不断地产生训练数据，并且涌现出人类可以观测和理解的决策智能。《星际争霸》是典型的 RTS 游戏，它包含多种异构类型智能体的对抗，玩家需要考虑资源采集、兵力创建等活动，指挥我方所属兵力，在设定的作战规则下击败对手。由于其趣味性和复杂性，同时也有研究人员开发相应的数据访问接口库作为支撑，便于强化学习算法与游戏引擎的交互，因此越来越多的相关研究都基于此平台；并且《星际争霸》的游戏场景与军事作战环境也较为相似，因此也是研究多智能体即时策略对抗的理想平台。

从 2010 年开始，已经有大量的研究人员开始研究《星际争霸》中的 AI 问题，举办各类比赛进行对战，主要采用的是基于预编程的规则方法；2016 年以后进入现代 AI 研究阶段，开始出现采用多智能体自主学习算法进行研究[26]，如表 1.1 所示。

表 1.1　现代 AI 研究阶段《星际争霸》主要研究单位和算法

序号	时间	研究单位	算法
1	2016	纽约大学 Facebook 人工智能实验室	CommNet 算法
2	2016	纽约大学 Facebook 人工智能实验室	基于零阶优化器的深度确定性梯度算法
3	2017	伦敦大学学院阿里巴巴团队	BiCNet 算法
4	2017	牛津大学	COMA 策略梯度算法
5	2018	牛津大学、 俄罗斯-亚美尼亚大学	分解的联合值函数算法
6	2018	中科院自动化研究所	PS-MAGDS 算法
7	2018	腾讯人工智能实验室、 罗切斯特大学和西北大学	基于宏观动作的强化学习算法
8	2018	南京大学	数据驱动的分层强化学习算法
9	2019	DeepMind	深度神经网络与多智能体强化学习算法(AlphaStar)

1.2.2 发展趋势分析

从研究问题的角度，人工智能技术问题解决已经从简单环境下完全信息动态博弈问题转向复杂环境下不完全信息动态博弈问题。AlphaGo[2]以围棋作为验证系统，成功整合强化学习和蒙特卡罗树搜索，解决了简单环境下完全信息动态博弈问题；DeepStack[3]以德州扑克为例，使用快速近似估值网络模拟人类直觉，在不完全信息博弈问题上取得了显著进展；谷歌DeepMind和暴雪娱乐(Blizzard Entertainment)以《星际争霸》为例，开始解决复杂环境下不完全信息动态博弈问题，其难度远大于围棋博弈[27]。

人工智能技术发展从计算智能、感知智能转向认知智能。计算智能以科学运算、逻辑处理、统计查询等形式化规则化运算为核心，能存会算会查找；感知智能以图像理解、语音识别、机器翻译为代表，基于深度学习模型，能听会说能看会认；认知智能以理解、推理、思考和决策为代表，强调认知推理，自主学习能力，能理解会思考认知。多智能体即时策略对抗问题是一个典型的需要认知智能才能解决的问题。

多智能体即时策略对抗技术从传统的基于游戏规则的手工编程转向以智能体自主强化学习为主。大约在2010年，已有学者开始研究多智能体即时策略对抗AI，这一类AI称为传统AI，没有学习能力、没有模型，也不需要训练，而是基于预编程的规则，所以不是很灵活。传统AI离真正超过人类或者打败人类目标还非常遥远。2016年以来，开始出现基于智能体强化学习算法。虽然，在当前的《星际争霸》AI对抗中，基于强化学习的算法还敌不过基于规则的算法，更加不是人类顶级游戏高手的对手，但是其发展却非常迅速，是最有希望解决此问题的方法。强化学习算法研究如何从单智能体强化学习转向多智能体强化学习。

1.3 《星际争霸》AI比赛

《星际争霸》AI比赛主要有SSCAIT(Student StarCraft AI Tournament)、AIIDE(Artificial Intelligence and Interactive Digital Entertainment)和CIG(Computational Intelligence in Games)。

SSCAIT于2011年第一次举办，目的是给对游戏AI感兴趣的计算机或人工智能领域的学生提供一个竞技的平台，目前该比赛已经不仅限于学生参加，已经发展为实时直播 AI-BOT（软件程序）对战的排位赛，由捷克理工大学人工智能中心游戏与仿真团队负责组织。这个比赛主要面对主修人工智能与计算机科学的学生，可以在 SSCAIT 的官方网站上提交 BOT，网站自动进行对战并直播。

AIIDE 比赛每年在人工智能与交互数字娱乐大会（Conference on Artificial Intelligence and Interactive Digital Entertainment）过程中举办，由美国人工智能协会（AAAI）赞助，大约在每年 10 月份举办。AIIDE 比赛由加拿大纽芬兰纪念大学 David Churchill 负责组织，于 2010 年第一次举办，比赛选用的游戏版本是《星际争霸：母巢之战》1.16.1，所有参赛的 AI-BOT 采用 1V1 的方式进行两两对决，通过上万场的对决统计每个 BOT 的胜率并进行排名。

CIG 由电气和电子工程师协会（IEEE）计算智能协会赞助，是计算智能与游戏会议（Conference on Computational Intelligence and Games）举办的比赛项目之一（CIG 还包括《DOTA2》、《炉石传说》、《愤怒的小鸟》等，甚至包括《Pokemon》的比赛），其比赛规则与 AIIDE 比赛类似，大约在每年 8 月份举行。

2018 年 SSCAIT 分为学生组和混合组。学生组只能由独立的学生参加，混合组可以由非学生和团队参加。SSCAIT 2017/18 结果如图 1.2 所示。

2018 年 8 月，CIG《星际争霸》AI 比赛中第一名 Locutus 来自丹麦的独立游戏 AI 开发者，第二名 PurpleWave 和第四名 tscmoo 均来自 Facebook 研究人员组成的独立团队，第三名 McRave 来自加拿大 ATS Automation 公司研究人员组成的独立团队，第五名 ISAMind 是来自中国电子科技集团公司认知与智能实验室群体智能研究人员组成的独立团队。2017 年 CIG 和 AIIDE《星际争霸》AI 比赛的双料冠军——澳大利亚独立游戏 AI 开发者的 ZZZKBot，在本届比赛中排名第七，比赛结果如图 1.3 所示。

2018 年 11 月，AAAI 人工智能与交互式数字娱乐大会上，第八届 AIIDE《星际争霸》AI 挑战赛共有 27 支队伍参加了比赛，包括三星、Facebook、斯坦福大学、中科院自动化研究所、Bilibili 以及 Locutus 等，比赛结果如图 1.4 所示。三星的 SAIDA 获得冠军，Facebook 的 CherryPi 获得亚军，中科院自动化研究所的 CSE 获得季军。SAIDA 是完全手工编写的基于规则的算法，没有采用机器学习技术，主要使用有限状态机控制所有作战单位和建筑，集成顶级人类玩家的经验总结。CherryPi 使用了多种 AI 学习技术，具备高效的宏观管理能力、策略选择能力、军队定位能力、基本单位控制能力。CSE 在 Locutus 的基础上采用规则和学习联合驱动的方式，做了一些策略和微观层面的优化。

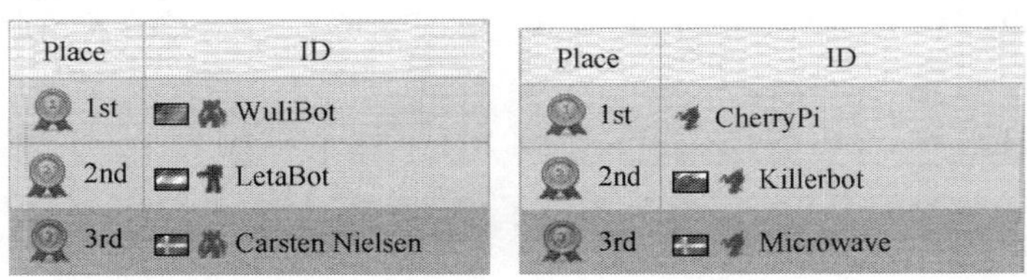

Place	ID
1st	WuliBot
2nd	LetaBot
3rd	Carsten Nielsen

(a) “学生组”决赛结果

Place	ID
1st	CherryPi
2nd	Killerbot
3rd	Microwave

(b) “混合组”决赛结果

图 1.2　SSCAIT 2017/18 结果

Bot	Games	Win	Loss	Win %	AvgTime	Game Timeout	Crash	Frame Timeout
Locutus	3250	2992	258	92.06	9:50	8	0	0
PurpleWave	3250	2962	288	91.14	11:02	13	0	0
McRave	3250	2668	582	82.09	10:52	16	117	9
tscmoo	3250	2642	608	81.29	11:07	4	0	0
ISAMind	3250	2610	640	80.31	11:25	14	0	0
Iron	3250	2415	835	74.31	13:31	39	11	0
ZZZKBot	3250	2245	1005	69.08	7:31	14	0	0
Microwave	3250	2107	1143	64.83	9:43	4	5	1

图 1.3　2018 年 CIG《星际争霸》AI 比赛结果

Bot	Games	Win	Loss	Win %	AvgTime	Game Time Limit	Crash	Frame Timeout
SAIDA	2390	2298	92	96.15	15:27	27	0	7
CherryPi	2392	2173	219	90.84	12:10	19	0	0
CSE	2391	2113	278	88.37	11:59	5	1	0
Locutus	2386	2000	386	83.82	12:11	26	1	0
DaQin	2390	1830	560	76.57	12:46	11	1	2
Iron	2382	1643	739	68.98	13:35	32	50	41
McRave	2392	1625	767	67.93	12:23	7	83	112
Steamhammer	2383	1310	1073	54.97	11:52	8	0	22

图 1.4　2018 年 AIIDE《星际争霸》AI 挑战赛结果

1.4　小　　结

多智能体即时策略对抗旨在针对其面临的决策空间巨大、信息不完全、即时对抗、多智能体协同等难题，研究基于多智能体 DRL 的即时策略对抗技术解决对抗过程中智能体行动的序贯生成问题。

当前基于 DRL 和博弈论的理论和方法还不完备，还处于研究初期，是一项非常基础、原创和前瞻的研究工作，国内外学者正在深入研究，该技术突破在军事领域的应用将颠覆现有的军事行动规划与决策模式，极大促进我国军事决策智能化的发展。

《星际争霸》是多智能体 DRL 研究的主要平台和工具，为算法性能评估提供了基准的测试环境，并且提供了相关比赛支持 AI 对抗的发展。

思　考　题

(1) 多智能体强化学习方法面临的主要挑战和困难有哪些？

(2) 多智能体强化学习方法的未来发展趋势如何？

(3) 多智能体强化学习方法的应用前景如何？

第2章　多智能即时策略对抗基础

本书所限定的多智能体即时策略对抗主要指即时策略游戏中的微观管理，而不是指其游戏的全流程对战。微观管理是即时策略游戏中的重要组成部分。微观管理通过对我方智能体的有效控制，可以摧毁更多的敌方智能体，同时减少我方智能体的损失。微观管理是精确移动和攻击的结合，使我方能够在不利的情况下依然获胜。举例来说，一般常见的微观管理有以下类型：

(1) 集火攻击：通过将我方的火力集中到少量的敌方智能体，可以更快地消灭敌人，同时减少敌人对我方的伤害。

(2) 边打边撤/“放风筝”（kiting）：我方快速移动的智能体在与敌方移动速度较慢并且有较短攻击距离或者更短冷却时间的智能体对战时，我方智能体能采取攻击—逃跑—攻击—逃跑如此循环的操作，来输出伤害，并且减少所受伤害。这是因为，如果敌方智能体的攻击距离短，我方智能体能在其攻击距离之外进行攻击，从而避免伤害；如果敌方智能体的冷却时间更短，则能使得其失去攻击机会。

(3) 拉兵：将我方受伤的智能体撤回至安全区域，换上健康的智能体上前线承受敌方的攻击伤害，这样使得受伤的智能体仍然能够输出火力。

(4) 卡位：当敌方智能体想逃跑时，我方智能体能够在其逃跑路线上阻碍其移动，使得我方攻击智能体有更多的时间进行攻击。

(5) 围杀：我方多个智能体包围敌方智能体使其不能移动，同时集火攻击被包围的敌方智能体。

(6) 分割包围：我方智能体将敌方智能体进行分割和包围，在局部形成兵力火力优势，从而各个击破。

(7) 攻击阵型保持与优化：我方智能体在对战中要保持良好的攻击阵型，能够火力全开，不会相互阻挡或干扰，并随着对战过程中双方智能体的损伤而不断调整优化攻击阵型。

2.1 多智能体即时策略对抗形式化描述

多智能体即时策略对抗建模为随机博弈(stochastic game)。与马尔可夫决策不同，随机博弈将马尔可夫决策过程(Markov decision process)泛化至多智能体情形，博弈中有多个智能体，下一状态和奖励值取决于联合动作，每个智能体都有其独立的奖励函数。

随机博弈采用元组$(S,A_1,\cdots,A_n,T,r_1,\cdots,r_n,\gamma)$进行描述，其中$n$是智能体的数量，$S$是环境状态空间，$A_i(i=1,2,\cdots,n)$是智能体$i$的动作空间，多智能体联合动作空间$A=A_1\times\cdots\times A_n$，$T:S\times A\times S\to[0,1]$为状态转移概率函数，$r_i:S\times A\times S\to\mathbb{R}(i=1,2,\cdots,n)$为智能体$i$的奖励函数，$\gamma$为奖励折扣因子。

状态值函数(V值函数)：智能体i的V值函数$V_i^\pi(s)$表示在联合策略π的指导下，从某一状态$s\in S$出发所获得的最终奖励期望：

$$V_i^\pi(s)=E_\pi\left\{\sum_{k=0}^{\infty}\gamma^k r_{i,k+1}\mid s_0=s\right\}$$

每个智能体的$V_i^\pi(s)$是有界的：

$$V_i^\pi(s)\leqslant\frac{\max\limits_{i,s,a}|r_i(s,a)|}{1-\gamma'}$$

状态–动作值函数(Q值函数)：智能体i的Q值函数$Q_i^\pi(s,a)$表示在联合策略π的指导下，在某一状态$s\in S$时，智能体i选择动作$a\in A$，所获得的最终奖励期望：

$$Q_i^\pi(s,a)=E_\pi\left\{\sum_{k=0}^{\infty}\gamma^k r_{i,k+1}\mid s_0=s,A_0=a\right\}$$

环境状态空间S一般可以分为全局状态和局部状态两部分。全局状态是指在所有智能体间可以共享的环境状态，如在具有全局视野的条件下，全局状态包括战场环境信息、我方智能体信息和敌方智能体信息。局部状态是指单个智能体通过其局部视野所感知到的信息，受限于其视野范围，是全局视野条件下全局状态的子集。环境状态空间S主要包括从战场感知到的环境特征信息、我方智能体信息和敌方智能体信息三个方面：

(1) 环境特征信息：对地貌、地物、障碍物等物理信息建模。环境特征将对智能体的状态空间和动作空间进行限制和约束。

(2) 我方智能体信息：对我方智能体数量和状态进行建模，常见的状态包括位置、作战装备性能及当前状态和战备物资储备等。

(3) 敌方智能体信息：对可观测的敌方智能体的数量和状态进行描述，如位置、作战装备性能及当前状态等。

动作空间 A_i 的建模方式有两种：一种是建模为离散动作空间；另一种是建模为连续动作空间，如智能体的移动动作，采用离散动作空间建模可设计为每一步朝不同的方向移动固定长度的距离或者在原地不动；采用连续动作空间建模则直接给出目的地的连续坐标位置。如果是同一种类型的智能体(同构智能体)，则其动作空间相同；如果是不同类型的智能体(异构智能体)，则其动作空间很可能不同，需要分别设计和探索。策略网络参数共享是一种常用的模型简化方法，但是一般只能处理同构智能体，对于异构智能体一般需要为每个或每类智能体设计和训练不同的策略网络。

奖励函数 r 可以分为全局奖励函数和局部奖励函数。全局奖励函数是指整个多智能体团队获得的奖励，而局部奖励函数是指每个智能体所获得的奖励。研究人员发现只采用全局奖励函数进行训练学习，不利于局部智能体合作的涌现和训练收敛。因此，在实际的训练过程中，通常需要确定每个智能体的局部奖励或者确定每个智能体对全局奖励的贡献度(信用分配问题)。对此，科研人员提出了不同的处理方法，如直接计算每个智能体的局部奖励[18, 21]或采用优势函数估计每个智能体动作对全局奖励的贡献度[20]。只采用局部奖励的不足在于局部最优并不一定会全局最优。因此，多智能体间需要通信来彼此协调，以期望达到全局最优的效果。

智能体奖励函数的设计反映了指挥员在制订作战行动方案时的决策偏好，如果为保存自己优先，消灭敌人其次，此时的奖励函数设计将对我方的损失更为敏感；如果为不惜一切代价消灭敌人，此时的奖励函数设计将认为敌方的损失更重要。不同偏好的奖励函数使得智能体学到的行动策略也大不相同，因为智能体的行动策略的设计目标是使其长期回报之和的期望最大化。奖励函数设计通常考虑以下因素：

(1) 我方智能体的存活数量；

(2) 我方智能体的损伤程度；

(3) 敌方智能体的被消灭数量；

(4) 敌方智能体的损伤程度。

在设计奖励函数时根据对以上因素的不同偏好，一般采用对以上因素进行加权求和方法。

2.2　多智能体强化学习基础

在多智能体系统中，智能体之间可能存在合作与竞争等关系，通过引入矩阵博弈和随机博弈等理论，将博弈论与强化学习相结合可以较好地处理这些问题。本节主要介绍多智能体强化学习涉及的博弈论[28]、多智能体强化学习[29]的基本概念、基础理论和算法等。

1. 矩阵博弈

矩阵博弈是一个描述多智能体、单状态的框架，可以通过元组 $(n, A_1, A_2, \cdots, A_n, R_1, R_2, \cdots, R_n)$ 进行描述，其中 n 表示智能体数量，A_i 表示智能体 i 的动作空间，$R_i: A \to \mathbb{R}$ 表示智能体 i 的奖励函数，可以写成 n 维矩阵形式。每个智能体从动作空间中选择动作，获取奖励，该奖励值取决于所有智能体的联合动作。矩阵博弈包括零和博弈和一般和博弈，如下例所示。

(1) 剪刀-石头-布博弈(零和博弈)：

$$R_1 = \begin{bmatrix} 0 & -1 & 1 \\ 1 & 0 & -1 \\ -1 & 1 & 0 \end{bmatrix}, \quad R_2 = -R_1$$

(2) 协调博弈(一般和博弈)：

$$R_1 = \begin{bmatrix} 2 & 0 \\ 0 & 1 \end{bmatrix}, \quad R_2 = \begin{bmatrix} 1 & 0 \\ 0 & 2 \end{bmatrix}$$

定义 2.1 (纳什均衡)　在矩阵博弈中，如果联合策略 $(\pi_1^*, \pi_2^*, \cdots, \pi_n^*)$ 满足

$$V_i(\pi_1^*, \pi_2^*, \cdots, \pi_i^*, \cdots, \pi_n^*) \geqslant V_i(\pi_1^*, \pi_2^*, \cdots, \pi_i, \cdots, \pi_n^*), \quad \forall \pi_i \in \Pi_i, i = 1, 2, \cdots, n$$

则称其为一个纳什均衡。$V_i(\pi_1, \pi_2, \cdots, \pi_n)$ 为智能体 i 的值函数，表示智能体 i 在联合策略 $(\pi_1, \pi_2, \cdots, \pi_n)$ 下的折扣期望奖励总和；π_i 为智能体 i 在策略空

间 Π_i 中选择的任一策略。

纳什均衡是所有智能体的一个联合策略，在纳什均衡处，对于所有智能体都不能在仅改变自身策略的情况下获取更大的奖励。

定义 2.2（完全混合策略）　如果一个策略对于智能体动作空间中的所有动作概率都大于 0，则这个策略为一个完全混合策略。

定义 2.3（纯策略）　如果智能体的策略对一个动作的概率分布为 1，对其余动作的概率分布为 0，则这个策略为一个纯策略。

定义 2.4（零和博弈）　零和博弈中，两个智能体是完全竞争对抗关系，有 $R_1 = -R_2$。零和博弈中只有一个纳什均衡值，即使可能有多个纳什均衡策略，其期望的奖励也是相同的。

定义 2.5（一般和博弈）　一般和博弈是指任何类型的矩阵博弈，包括完全对抗博弈、完全合作博弈以及二者的混合博弈。在一般和博弈中可能存在多个纳什均衡点。

2. 随机博弈

将描述单智能体强化学习的马尔可夫决策过程泛化至多智能体时称为随机博弈。随机博弈/马尔可夫博弈（stochastic game / Markov game）具有多个智能体与多个状态，是马尔可夫决策过程与矩阵博弈的结合，随机博弈过程如图 2.1 所示。马尔可夫决策过程包括一个智能体与多个状态。矩阵博弈包括多个智能体与一个状态。

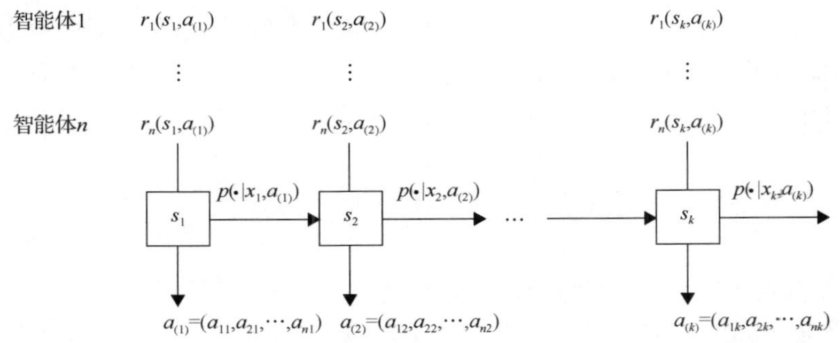

图 2.1　随机博弈过程

随机博弈可以通过元组 $(n,S,A_1,A_2,\cdots,A_n,T,r_1,r_2,\cdots,r_n,\gamma)$ 进行描述，其中 n 为智能体数量；S 为环境状态空间；A_i 为智能体 i 的动作空间，

$A = A_1 \times \cdots \times A_n$ 为联合动作空间；$T: S \times A \times S \to [0,1]$ 是状态转移概率函数；$r_i: S \times A \to \mathbb{R}$ 为智能体 i 的奖励函数；γ 为奖励折扣因子。

随机博弈与马尔可夫决策过程的不同之处在于：随机博弈中多个智能体需要选择动作，形成联合动作，并且下一个状态和奖励取决于该联合动作，每个智能体都有自己独立的奖励函数。

随机博弈可根据智能体的奖励函数分为零和随机博弈、团队随机博弈和一般和随机博弈。零和随机博弈的所有状态必须定义为一个零和矩阵博弈；团队随机博弈的所有状态必须定义为团队矩阵博弈，所有智能体获得的奖励相同；其他的随机博弈统称为一般和随机博弈。

随机博弈的状态-值函数 $V_i^\pi(s)$ 为

$$
\begin{aligned}
V_i^\pi(s) &= E_\pi\left\{\sum_{k=0}^{\infty}\gamma^k r_i(t+k+1) \mid s_t = s\right\} \\
&= E_\pi\left\{r_i(t+1) + \gamma\sum_{k=0}^{\infty}\gamma^k r_i(t+k+2) \mid s_t = s\right\} \\
&= \sum_a \pi(a \mid s)\sum_{s'} p(s' \mid s,a)\left(r_i(s',a) + \gamma E_\pi\left\{\sum_{k=0}^{\infty}\gamma^k r_i(t+k+2) \mid s_{t+1} = s'\right\}\right) \\
&= \sum_a \pi(a \mid s)\sum_{s'} p(s' \mid s,a)[r_i(s',a) + \gamma V_i^\pi(s')]
\end{aligned}
$$

其中，$\pi(a \mid s)$ 表示在状态 s 选择联合动作 a 的概率；$p(s' \mid s,a)$ 是给定当前状态 s 和联合动作 a 时下一状态为 s' 的概率。随机博弈的状态-值函数必须对每个智能体都进行定义，其值的期望取决于联合动作，而不是智能体的单个策略。智能体 i 的总期望值 $V_i^\pi(s)$ 具有以下上界：

$$V_i^\pi(s) \leqslant \frac{M}{1-\gamma}, \quad M \equiv \max_{i,s,a} |r_i(s,a)|$$

对于其他智能体的某些联合策略，智能体 i 的最优响应策略 $\pi_i \in \mathrm{BR}_i(\pi_{-i})$，$\pi_{-i}$ 是除 i 之外的智能体的联合策略，$\mathrm{BR}_i(\pi_{-i})$ 表示 π_{-i} 的最优响应策略集。$\pi_i^* \in \mathrm{BR}_i(\pi_{-i})$，需当且仅当满足以下条件：

$$\forall s \in S, \quad V_i^{\langle \pi_i^*, \pi_{-i} \rangle} \geqslant V_i^{\langle \pi_i, \pi_{-i} \rangle}$$

随机博弈的 Q 值 $Q_i^{\pi}(s,a)$ 为

$$
\begin{aligned}
Q_i^{\pi}(s,a) &= E_{\pi}\left\{\sum_{k=0}^{\infty}\gamma^k r_i(t+k+1) \mid s_t=s, a_t=a\right\} \\
&= E_{\pi}\left\{r_i(t+1)+\gamma\sum_{k=0}^{\infty}\gamma^k r_i(t+k+2) \mid s_t=s, a_t=a\right\} \\
&= \sum_{s'} p(s' \mid s,a)\left[r_i(s',a)+\gamma E_{\pi}\left\{\sum_{k=0}^{\infty}\gamma^k r_i(t+k+2) \mid s_{t+1}=s', a_t=a\right\}\right] \\
&= \sum_{s'} p(s' \mid s,a)[r_i(s',a)+\gamma V_i^{\pi}(s')]
\end{aligned}
$$

其中，$p(s' \mid s,a)$ 是给定当前状态 s 和联合动作 a 时下一状态为 s' 的概率。每个智能体的 Q 值同样取决于所有智能体的联合动作。

对于多人随机博弈，如果已知博弈中的回报函数和转移函数，则希望找到纳什均衡。随机博弈的纳什均衡可描述为联合策略元组 $(\pi_1^*,\pi_2^*,\cdots,\pi_n^*)$，对于所有 $s\in S$ 且 $i=1,2,\cdots,n$，满足：

$$
V_i(s,\pi_1^*,\pi_2^*,\cdots,\pi_i^*,\cdots,\pi_n^*) \geqslant V_i(s,\pi_1^*,\pi_2^*,\cdots,\pi_i,\cdots,\pi_n^*), \quad \forall \pi_i \in \Pi_i, i=1,2,\cdots,n
$$

其中，$V_i(s,\pi_1,\pi_2,\cdots,\pi_n)$ 表示智能体 i 在联合策略 $(\pi_1,\pi_2,\cdots,\pi_n)$ 下的折扣期望奖励总和；π_i 为智能体 i 在策略空间 Π_i 中选择的任一策略。

随机博弈的纳什均衡是指一个策略集，其中所有的策略都是最优响应策略，没有智能体能够通过改变自己的策略获取更大的值。

随机博弈的解可以描述为一组关联特定状态矩阵博弈中的纳什均衡策略。特定状态矩阵博弈也称为阶段博弈，状态 s 是固定的，随机博弈的 Q 值函数为该阶段博弈的奖励函数。在阶段博弈中，定义行为-值函数 $Q_i^*(s,a)$ 为所有智能体在状态 s 采取联合动作 a 之后并采用纳什均衡策略时智能体 i 的期望奖励。如果所有状态的 $Q_i^*(s,a)$ 值已知，则可以通过求解阶段博弈得到智能体 i 的纳什均衡策略。因此，对于每个状态 s，都有一个矩阵博弈，且在这个矩阵博弈中找到纳什均衡策略。最终，随机博弈的纳什均衡策略就是每个特定状态矩阵博弈的纳什均衡策略的集合。

多智能体强化学习可以建模成随机博弈，将每一个状态的阶段博弈的纳什策略组合起来成为一个智能体在动态环境中的策略，并不断与环境交互来

更新每一个状态的阶段博弈中的 Q 值函数(奖励)。

随机博弈中假定每个状态的奖励矩阵是已知的，不需要学习。而多智能体强化学习是通过与环境的不断交互来学习每个状态的转移函数或奖励函数信息，再通过这些函数信息学习得到最优纳什策略。通常情况下，模型的转移概率以及奖励函数未知，因此需要利用强化学习方法不断逼近状态-值函数或动作-值函数。

合理性和收敛性是随机博弈中多智能体学习算法的两个理想特性。合理性是指如果其他智能体的策略收敛于固定策略，则学习算法将会收敛到一个相对于其他智能体策略的最优响应策略。收敛性是指学习算法必须收敛到一个固定策略。对于智能体 i 的学习算法收敛至固定策略 π ，当且仅当对于任意 $\varepsilon > 0$ 总是存在时间 $T > 0$ ，有

$$\forall t > T,\ \ a_i \in A_i,\ \ s \in S,\ \ P(s,t) > 0 \Rightarrow \left| P(a_i \mid s,t) - \pi(s,a_i) \right| < \varepsilon$$

其中， $P(s,t)$ 是在 t 时刻博弈在状态 s 的概率； $P(a_i \mid s,t)$ 是指在给定时刻 t 和状态 s 时，选择动作 a_i 的概率。如果所有智能体采用合理性算法并且它们的策略收敛，则所有智能体的策略收敛至纳什均衡点。

多智能体系统的解决方法可以分为完全合作任务、完全竞争任务、混合竞争与合作任务三类算法，并且经过多年的发展，各自都提出了很多经典的算法。以下将分别介绍这三类算法。

2.2.1 完全合作任务算法

在完全合作任务算法中，多智能体相互协作和配合，从而获得全局奖励。这类任务的学习目标是最大化折扣累计全局奖励，即所有智能体一起努力，将全局奖励最大化。依据多智能间的协调方式，这类算法可以分为无需协调算法、间接协调算法和显式协调机制等。

1. 无需协调算法

Team-Q 算法[30]通过假设最优联合动作是唯一的(实际情况并非总是如此)来避免协调问题。首先，所有智能体采用共同的 Q 值函数

$$Q_{k+1}(s_k,a_k) = Q_k(s_k,a_k) + \alpha[r_{k+1} + \gamma \max_{a'} Q_k(s_k,a') - Q_k(s_k,a_k)]$$

进行并行计算；然后，智能体使用贪婪策略选择最优联合动作和最大化期望

奖励：

$$\pi_i^*(s) = \arg\max_{a_i} \max_{a_1,\cdots,a_{i-1},a_{i+1},\cdots,a_n} Q^*(s,a)$$

此时，假定其他智能体都是选择当前状态下的最优动作，智能体 i 再选择对自己最优的动作。

Distributed-Q 算法[31]针对具有非负奖励函数的确定性问题，无需协调机制，并且计算复杂度与单智能体 Q 学习类似。每个智能体保存一个本地策略 $\pi_i(s)$ 和值取决于自身动作的 Q 值函数 $Q_i(s,a_i)$ 。Q 值函数的更新方式如下：

$$Q_{i,k+1}(s_k,a_{i,k}) = \max\{Q_{i,k}(s_k,a_{i,k}), r_{k+1} + \gamma \max_{a'} Q_{i,k}(s_{k+1},a')\}$$

这保证了本地 Q 值总是联合动作 Q 值中的最大值：

$$Q_{i,k}(s_k,a_i) = \max_{a_1,\cdots,a_{i-1},a_{i+1},\cdots,a_n} Q_k(s,a)$$

对所有 k，固定 a_i 。

本地策略只有在 Q 值得到改善时才进行更新：

$$\pi_{i,k+1}(s_k) = \begin{cases} a_{i,k}, & \max_{\bar{a}_i} Q_{i,k+1}(s_k,\bar{a}_i) > \max_{\bar{a}_i} Q_{i,k}(s_k,\bar{a}_i) \\ \pi_{i,k}(s_k), & \text{其他} \end{cases}$$

这保证了联合策略针对全局 Q_k 总是最优策略。在 $Q_{i,0} = 0, \forall i$ 的条件下，所有智能体的本地策略将收敛至一个最优联合策略。

2. 间接协调算法

间接协调算法中每个智能体通过为其他智能体建模或统计不同动作的历史回报值，来选择可能获得更高回报的动作。

JAL (joint action learners) 算法[32]学习联合动作的值，并且对其他智能体的策略进行建模：

$$\sigma_j^i(a_j) = \frac{C_j^i(a_j)}{\sum_{\bar{a}_j \in A_j} C_j^i(\bar{a}_j)}$$

其中，$\sigma_j^i(a_j)$ 是智能体 i 对智能体 j 的策略模型；$C_j^i(a_j)$ 统计了智能体 i 观察到智能体 j 采取动作 a_j 的次数。因此，智能体 i 必须观察其他智能体的动作。结合这些模型，基于 JAL 算法提出了几个启发式算法，以提高具有较好奖励动作的 Q 值。

FMQ（frequency maximum Q-value）算法[33]统计每个动作取得最优奖励的频率，然后用这个值修改计算 Q 值函数：

$$\bar{Q}_i(a_i)=Q_i(a_i)+\nu\frac{C_{\max}^i(a_i)}{C^i(a_i)}r_{\max}(a_i)$$

其中，$r_{\max}(a_i)$ 是采取动作 a_i 后获取的最大奖励值；$C_{\max}^i(a_i)$ 是取得最大值的次数；$C^i(a_i)$ 是采取动作 a_i 的次数；ν 为权重因子。智能体 i 采取 Boltzmann 动作选择策略

$$\pi(s,a_i)=\frac{\mathrm{e}^{\bar{Q}_i(a_i)/\tau}}{\sum_{\bar{a}_i}\mathrm{e}^{\bar{Q}_i(\bar{a}_i)/\tau}}$$

选择动作 a_i，其中 τ 用于控制探索的随机程度，当 $\tau\to 0$ 时，等价于贪婪动作选择策略；当 $\tau\to\infty$ 时，动作则为完全随机选择。随着 τ 的增大，拥有高 Q 值的动作选择概率将大于拥有低 Q 值的动作选择概率。增加过去经常产生良好奖励行动的 Q 值会使智能体趋于协调。与单智能 Q 学习相比，FMQ 算法只是在保存和使用计数器时增加了计算量。FMQ 算法不适用于产生强随机奖励的问题，并且根据特定问题确定权重因子 ν 也比较困难。

3. 显式协调机制

基于社会公约、角色、通信等显式的协调机制可以用于任何类型的多智能体任务[34]。社会公约和角色用于限制智能体动作的选择。社会公约对某些联合动作的先验偏好进行编码，并帮助在动作选择期间打破智能体间联系。在社会公约中规定每个智能体的先后顺序以及动作选择的先后顺序，这些信息所有智能体共享。角色在智能体选择动作之前会限制其可选动作空间。如果设计得当，社会公约或角色将完全消除智能体间的联系。通信能用于智能体间动作选择协商，通信的内容包括动作、部分或完整的 Q 表、状态测量、奖励和学习参数等。

2.2.2　完全竞争任务算法

在完全竞争任务算法中，每个智能体都只关心自己的奖励，想要最大化

自己的折扣累积奖励，并不考虑自己的动作对其他智能体的影响，这通常涉及零和博弈和均衡策略理论等。

Minimax-Q 算法[35]采用极大极小原理求解双人零和随机博弈的纳什均衡策略和状态-值函数。具体来说，Minimax-Q 算法采用 Minimax 方法构建线性规划求解每个特定状态 s 的阶段博弈的纳什均衡策略，采用 Q 学习中的时间差分方法迭代学习状态-值函数。

在双人零和博弈中，给定当前状态 s，定义智能体 i 的状态-值函数为

$$V_i^*(s) = \max_{\pi_i(s,\bullet)} \min_{a_{-i}\in A_{-i}} \sum_{a_i\in A_i} Q_i^*(s,a_i,a_{-i})\pi_i(s,a_i),\quad i=1,2$$

其中，$-i$ 表示智能体 i 的对手；$\pi_i(s,\bullet)$ 表示在状态 s 下智能体 i 的所有可能策略；$Q_i^*(s,a_i,a_{-i})$ 表示智能体 i 及其对手 $-i$ 分别选择动作 $a_i \in A_i$ 和 $a_{-i} \in A_{-i}$ 且之后采用纳什均衡策略的预期奖励。

如果 $Q_i^*(s,a_i,a_{-i})$ 已知，则可以采用线性规划方法求解智能体 i 在状态 s 下的纳什均衡策略 $\pi^*(s)$。而在多智能体强化学习中，$Q_i^*(s,a_i,a_{-i})$ 是未知的，因此需要借助 Q 学习算法的时间差分来更新逼近真实的 $Q_i^*(s,a_i,a_{-i})$。算法流程如算法 2.1 所示。

算法 2.1　Minimax-Q 算法

1　初始化 $Q_i(s,a_i,a_{-i})$、$V_i(s)$ 和 $\pi_i(s)$

2　循环迭代：

3　　智能体 i 根据探索-开发策略采取动作 a_i

4　　智能体得到下一状态 s'，自身奖励 r_i 以及对手在前一状态 s 所采取的动作

5　　更新 $Q_i(s,a_i,a_{-i})$：
　　$Q_i(s,a_i,a_{-i}) \leftarrow Q_i(s,a_i,a_{-i})+\alpha[r_i + \gamma V_i(s') - Q_i(s,a_i,a_{-i})]$，
　　α 为学习速率，γ 为奖励折扣因子

6　　利用线性规划方法求解 $V_i^*(s)$，更新 $V_i(s)$ 和 $\pi_i(s)$

7　循环结束

如果算法可以无限频繁访问所有可能状态和智能体的动作，则 Minimax-Q 算法可保证收敛于纳什均衡。但是该算法不足之处如下所示：

(1) 每次迭代采用线性规划求解 $\pi_i(s)$ 和 $V_i(s)$，导致学习过程非常缓慢，并且智能体 i 必须已知对手的动作空间。

(2) 算法满足收敛性，但不满足合理性。Minimax-Q 算法要求智能体总是在对手造成的最坏情况下采取“安全”策略，这导致如果对手采用一个非均衡策略的固定策略，该算法无法使智能体调整策略以适应对手策略的变化。其原因是 Minimax-Q 算法是一个独立于对手策略的算法，无论对手采用什么策略，都将收敛到智能体的纳什均衡策略。如果智能体的对手是一个没有采用均衡策略的较弱对手，那么对智能体来说其最优策略就不是纳什均衡策略，此时智能体的最优策略会优于纳什均衡策略。

2.2.3 混合竞争与合作任务算法

在混合竞争与合作任务算法中，每个智能体独立获得自己的奖励，但是如果每个智能体只考虑最大化自己的奖励，这样反而可能使得自己的奖励与另外智能体的奖励变得更差。在这种任务中，学习纳什均衡策略是一种常见方式，但是更好的策略是希望在学习中尝试与其他竞争智能体合作，达成共赢；如果不行再收敛到纳什均衡，这使得算法设计变得更加困难。

1. Nash-Q 算法

Nash-Q 算法[36]将 Minimax-Q 算法从双人零和博弈扩展至一般和随机博弈。Nash-Q 算法使用二次规划求解纳什均衡点。Nash-Q 算法在合作性均衡或对抗性均衡的环境中都能收敛到纳什均衡点，其收敛性条件是：在每个状态 s 的阶段博弈中，都能够找到一个全局最优点或者鞍点。算法流程如算法 2.2 所示。

算法 2.2 Nash-Q 算法

1 初始化 $Q_i(s,a_1,\cdots,a_n)=0,\quad \forall a_i \in A_i, i=1,\cdots,n$
2 循环迭代：
3 　智能体 i 根据探索-开发策略采取动作 a_i
4 　智能体得到下一状态 s'，所有智能体的奖励 $r_1,\cdots,r_n$ 以及在前一状态 s 所采取的动作 $a_1,\cdots,a_n$

5　更新 $Q_i(s,a_1,\cdots,a_n)$：
　$Q_i(s,a_1,\cdots,a_n) \leftarrow Q_i(s,a_1,\cdots,a_n)+\alpha[r_i+\gamma \text{Nash } Q_i(s')-Q_i(s,a_1,\cdots,a_n)]$，
　α 为学习速率，γ 为奖励折扣因子

6　利用二次规划方法更新 Nash $Q_i(s)$ 和 $\pi_i(s)$

7 循环结束

值得注意的是，该算法需要观测其他所有智能体的动作 $a_1,a_2,\cdots,a_n$ 与奖励值 $r_1,r_2,\cdots,r_n$。与 Minimax-Q 算法一样，该算法只满足收敛性，不满足合理性，算法只能收敛到纳什均衡策略，不能根据其他智能体的策略进行自身策略调整，并且学习速率较慢。

2. Friend-or-Foe-Q 算法

Friend-or-Foe-Q 算法[37]是另外一种处理一般和随机博弈的算法，假设智能体可以分为两类：智能体 i 的朋友和智能体 i 的敌人。智能体 i 的朋友可以共同合作使得 i 的奖励最大化；智能体 i 的敌人可以共同合作使得 i 的奖励最小化，这样将 n 人一般和随机博弈转化为具有扩展动作空间的双人零和博弈。算法流程如算法 2.3 所示。

算法 2.3　Friend-or-Foe-Q 算法

1 初始化 $V_i(s)=0$ 和 $Q_i(s,a_1,\cdots,a_{n_1},o_1,\cdots,o_{n_2})=0$，其中 $a_1,\cdots,a_{n_1}$ 表示智能体 i 及其朋友的动作，$o_1,\cdots,o_{n_2}$ 表示其对手的动作

2 循环迭代：

3　智能体 i 根据探索-开发策略采取动作 a_i

4　智能体 i 得到下一状态 s'，自身奖励 r_i 以及在前一状态 s 其朋友和敌人所采取的动作：$a_1,\cdots,a_{n_1}$ 和 $o_1,\cdots,o_{n_2}$

5　更新 $Q_i(s,a_1,\cdots,a_{n_1},o_1,\cdots,o_{n_2})$：
　$Q_i(s,a_1,\cdots,a_{n_1},o_1,\cdots,o_{n_2}) \leftarrow Q_i(s,a_1,\cdots,a_{n_1},o_1,\cdots,o_{n_2})+\alpha[r_i+\gamma V_i(s')-$
　$Q_i(s,a_1,\cdots,a_{n_1},o_1,\cdots,o_{n_2})]$，$\alpha$ 为学习速率，γ 为奖励折扣因子

6　利用线性规划方法更新 $V_i(s)$ 和 $\pi_i(s)$：

$$V_i^*(s) = \max_{\pi_1(s,\cdot),\cdots,\pi_{n_1}(s,\cdot)} \min_{o_1,\cdots,o_{n_2} \in O_1\times\cdots\times O_{n_2}} \sum_{a_1,\cdots,a_{n_1} \in A_1\times\cdots\times A_{n_1}} Q_i(s,a_1,\cdots,a_{n_1},o_1,\cdots,o_{n_2})\pi_1(s,a_1),\cdots,\pi_{n_1}(s,a_{n_1})$$

7 循环结束

值得注意的是，Friend-or-Foe-Q 算法不存在发送控制团队智能体动作命令的团队领导者，智能体选择各自的动作并维持其状态函数和均衡策略。为更新行为-值函数，智能体需要观测每个时间步其朋友和对手的动作。

如果所有状态和动作可以无限访问，Friend-or-Foe-Q 算法可保证收敛到纳什均衡。与 Minimax-Q 算法和 Nash-Q 算法类似，由于每次迭代需要执行线性规划，因此学习速率较慢。

3. WoLF-PHC 算法

WoLF-PHC 算法[38]是 PHC(policy hill climbing)算法的扩展，用于处理一般和随机博弈，将“Win or Learn Fast”规则与 PHC 算法相结合，使 PHC 算法在学习过程中收敛到纳什均衡。WoLF 算法是当智能体做得比期望值好时小心缓慢地调整参数，当智能体做得比期望值差时，加快步伐调整参数。WoLF-PHC 算法的核心是强化学习思想，增大能够得到最大累积期望动作的选取概率，算法流程如算法 2.4 所示。

算法 2.4　WoLF-PHC 算法

1　初始化 $Q_i(s,a_i)=0$、$\pi_i(s,a_i)=\dfrac{1}{|A_i|}$、$C(s)=0$、$\alpha$、$\delta$ 和奖励折扣因子 γ

2　循环迭代：

3　　智能体 i 根据探索-开发策略采取动作 a_i

4　　智能体 i 得到下一状态 s'，自身奖励 r_i

5　　更新 $Q_i(s,a_c)$：

$$Q_i(s,a_c) \leftarrow Q_i(s,a_c)+\alpha[r_i + \gamma \max_{a_i'} Q_i(s',a') - Q_i(s,a_c)]$$

6 更新平均策略 $\overline{\pi}_i$ 的估计：

$C(s) = C(s) + 1$

$$\overline{\pi}_i(s,a_i) = \overline{\pi}_i(s,a_i) + \frac{1}{C(s)}(\pi_i(s,a_i) - \overline{\pi}_i(s,a_i)),\quad \forall a_i \in A_i$$

7 更新 $\pi_i(s,a_i)$：

$\pi_i(s,a_i)=\pi_i(s,a_i) + \varDelta_{sa_i}, \forall a_i \in A_i$

其中

$$\varDelta_{sa_i} = \begin{cases} -\delta_{sa_i}, & a_c \neq \arg\max\limits_{a_i \in A_i} Q_i(s,a_i) \\ \sum\limits_{a_j \neq a_i} \delta_{sa_j}, & \text{其他} \end{cases}$$

$$\delta_{sa_i} = \min\left(\pi_i(s,a_i), \frac{\delta}{|A_i|-1}\right)$$

$$\delta = \begin{cases} \delta_w, & \sum\limits_{a_i \in A_i} \pi_i(s,a_i)Q(s,a_i) > \sum\limits_{a_i \in A_i} \overline{\pi}_i(s,a_i)Q(s,a_i) \\ \delta_l, & \text{其他} \end{cases}$$

8 循环结束

WoLF-PHC 算法不用观测其他智能体的策略、动作及奖励值，需要更少的空间去记录 Q 值，并且 WoLF-PHC 算法通过 PHC 算法进行学习改进策略，所以不需要使用线性规划或者二次规划求解纳什均衡，提高了算法速度。

WoLF-PHC 算法能够收敛到纳什均衡策略，并且具备合理性，当其他智能体采用某个固定策略时，其也能收敛到一个目前状况下的最优策略而不是收敛到一个可能效果不好的纳什均衡策略。虽然 WoLF-PHC 算法在实际应用中取得了非常好的效果，并且能够收敛到最优策略，但是其收敛性在理论上一直没有得到证明。

2.3　解 决 方 法

解决多智能体即时策略对抗问题面临以下的困难和挑战：

(1) 独立强化学习难以解决多智能体即时策略对抗问题。

独立强化学习 (independent RL，InRL)，也称为单智能体 Q 学习方法，将其他智能体视为环境的一部分。这样的设定将缺乏理论上的收敛性保证，使得学习不稳定。除此之外，研究者还发现这些策略会与其他智能体的策略产生过拟合，从而无法实现很好的泛化效果。多智能体学习从根本上来说是困难的，因为智能体不但要与环境交互并且智能体间也需要交互。一个智能体的策略改变将影响其他智能体的策略，反之亦然。

(2) 基于联合动作的强化学习方法难以解决多智能体即时策略对抗问题。

随着智能体数量的增加，联合状态、动作和策略空间呈指数方式增加，导致多智能体强化学习比单智能体强化学习要复杂得多。多智能体的联合动作采用策略梯度优化的方法在计算上非常困难。即使是在简单的两个动作情况下，正确选择梯度步长方向的概率随智能体数量呈指数减小[19]：

$$P\left(\left\langle \hat{\nabla} J, \nabla J \right\rangle > 0\right) \propto (0.5)^n$$

其中，$\hat{\nabla} J$ 是策略梯度估计；∇J 是真实的策略梯度。智能体在未知环境中的策略为 $\pi(a=1|s)=0.5$ 。

(3) 信用分配和懒 (lazy) 智能体问题。

在多智能体即时策略对抗过程中，对战的结果一般只有胜和败，此时奖励是稀疏的，不利于训练学习，因此通常会采用奖励设计 (reward shaping) 的方式在中间状态上计算奖励值。信用分配问题是指需要确定每个智能体对全局奖励的贡献程度，将全局奖励分配至每个智能体，据此进行训练和学习，优化各个智能体的动作策略[39]。

懒智能体问题是指当一个智能体学习了有效策略时，其他智能体将可能变懒而不去学习探索，因为探索行为很可能会损害第一个智能体的动作，而导致整体奖励变差[40]。

(4) 非马尔可夫性质的环境问题。

很多科研人员认为在多智能体即时策略对抗中，智能体的历史状态和动作对当前状态下的动作策略也具有影响。在这种复杂环境下，并不满足严格的马尔可夫性质。对这个问题的常用解决方法是采用循环神经网络 (如长短期记忆 (LSTM) 或者门控循环单元 (GRU)) 对历史信息序列建立隐态描述[20, 40]。

2.3.1　基于知识驱动的启发式方法

基于知识驱动的启发式方法通常作为性能基准与其他基于学习的智能方法进行比较。这些启发式方法主要包括如下几种：

(1) 随机选择目标攻击，直至死亡 (random no change)。每个我方智能体随机选择一个敌方智能体作为攻击目标，在自己或者敌方目标死亡之前不改变其攻击目标。这会对几个敌方单位造成伤害，并且在发生碰撞时效果会更糟，因为我方智能体需要移动很多步才能进入能够攻击目标的范围内。

(2) 选择最近的目标攻击 (closest)。每个我方智能体选择离其最近的敌方智能体进行攻击。这种策略能够使我方智能体实现集火攻击，但是不会发生所有的我方智能体去攻击同一个敌方智能体，造成过度杀伤的情况。这种策略对于近战智能体来说非常强大，使得智能体有更多的时间用于攻击而不是用于移动。

(3) 选择最弱最近的目标攻击 (weakest closest)。每个我方智能体选择最弱的敌方智能体进行攻击。当有多个目标可选时，选择离我方智能体最近的敌方智能体进行攻击。这种策略可能导致过度杀伤。

(4) 无过度杀伤，不改目标 (no overkill no change)。初始目标选择时采用最弱最近的目标攻击策略，记录每个敌方智能体被我方智能体攻击的数量情况，当发生过度杀伤时选择其他的敌方智能体作为攻击目标。每个我方智能体持续攻击该目标智能体，直至自己或敌方智能体死亡。这种策略没有考虑到游戏的动态变化，因为如果我方智能体在没有对其目标造成预期损害的情况下死亡，无过度杀伤策略表现将大打折扣。

(5) 攻击-移动 (attack-move)。智能体基本上攻击最近的目标，但是在源目标死亡之前不会改变其攻击的目标，这是游戏内置 AI 所采用的攻击策略。

2.3.2　基于数据驱动的学习方法

基于数据驱动的学习方法兴起于 2016 年，是当前多智能体问题研究的热点，主要可以分为两类：一类是基于梯度优化的方法，将深度学习和强化学习相结合；另一类是基于进化策略的方法，将进化策略与深度学习相结合。

1. 基于梯度优化的方法

深度强化学习采用一种通用的形式将深度学习的感知能力与强化学习的决策能力相结合，并能够通过端对端的学习方式实现从原始输入到输出动作的直接控制。深度强化学习方法自提出以来，在许多需要感知高维度原始输入数据和决策控制的任务中已经取得了实质性的突破。深度强化学习通常采用基于梯度优化的方法进行求解。

1) 参数共享

构建参数共享的策略网络方法被许多《星际争霸》微观管理研究采用[20, 21]。该方法对所有的智能体训练一个参数共享的策略网络，具有策略网络与我方智能体数量无关、简单直接等优势。其劣势在于：①可能无法处理多种类型的智能体决策，如参数共享多智能体策略下降 Sarsa(λ)算法只支持同一类兵种的训练[21]；②多个智能体间由于没有有效的通信机制，在对抗中有时无法实现很好的协同。

2) AC 框架

AC (Actor-Critic) 框架结合了基于值函数和基于策略的方法，被广泛应用于多智能体问题的解决方法中[18-20]。Actor 网络是策略网络，负责输出动作；Critic 网络是评价网络，负责对 Actor 网络生成动作的优劣进行评价，并生成 TD 误差信号，同时指导 Actor 网络和 Critic 网络参数的更新。Actor 网络和 Critic 网络都可以是深度神经网络，Actor 网络的输入是状态，输出是动作，以深度神经网络进行函数拟合，对于连续动作深度神经网络输出层可以用 tanh 或 sigmoid 生成，离散动作以 softmax 作为输出层输出每种动作的选择概率。Critic 网络输入为状态和 Actor 网络输出的动作，输出为 Q 值。AC 框架的优势在于可以在回合结束时进行更新，比传统的策略梯度算法更快。强化学习 AC 框架如图 2.2 所示。

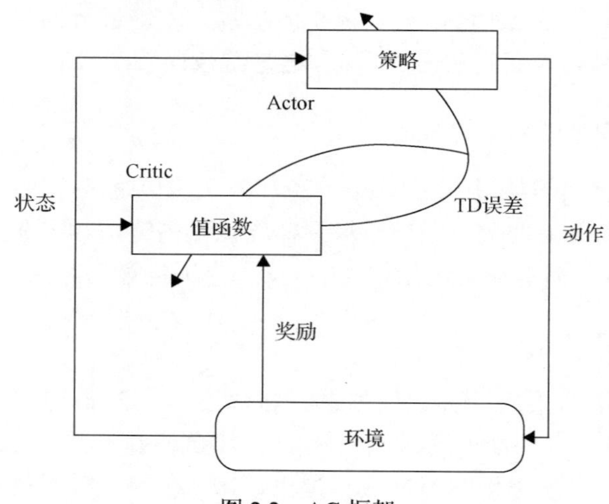

图 2.2 AC 框架

AC 框架需要设计深度神经网络结构分别作为 Actor 网络和 Critic 网络。这两个网络都是深度神经网络，可以是多层感知器网络、卷积神经网络或循环神经网络等。如何选择网络结构面临两大挑战：一是能否处理我方多智能体之间的协同动作策略生成；二是能否在强对抗高实时的环境下训练决策，快速生成多智能体的动作序列。为解决这两个挑战，智能体间的通信建模是关键，全连接的通信模型会导致计算量巨大，不能做到实时决策，并且其中可能包含很多无关的信息，难以甄别，反而给决策带来干扰。

2. 基于进化策略的方法

基于进化策略的方法是 Facebook 在 2018 年 11 月开源的 TorchCraftAI 中用于训练微观管理模型的优化方法。基于进化策略的方法直接扰动策略网络权重参数，不同的权重参数带来不同的奖励，通过奖励大小对应的权重按照一定的比例更新策略网络的权重，基于进化策略的方法如算法 2.5 所示。

算法 2.5 基于进化策略的方法

输入：学习速率 α ，噪声标准差 σ ，初始策略参数 θ_0

For $t=0,1,2,\cdots$ do

　　采样 $\varepsilon_0,\varepsilon_1,\cdots,\varepsilon_n \sim N(0,I)$

　　对于 $i=1,2,\cdots,n$ ，计算返回值 $F_i=F(\theta_t+\sigma\varepsilon_i)$

　　赋值 $\theta_{t+1} \leftarrow \theta_t+\alpha\frac{1}{n\sigma}\sum_{i=1}^{n}F_i\varepsilon_i$

End for

与强化学习算法相比，基于进化策略的方法具有无须计算梯度反向传播、高度可并行和高度鲁棒性等优势。TorchCraftAI 采用进化策略训练的模型在一些对战场景中取得了不错的胜率，但是在另外一些场景(即使是对称场景)下胜率却很低。此外，进化策略模型的胜率与对手采用的策略具有很强的相关性，对手采用不同的对抗策略将很大程度上影响胜率。

2.4 强化学习算法研究流程

强化学习算法研究流程包括以下步骤：

(1) 定义作战场景：可以灵活设置作战区域和地形(如地物和地貌等)，

我方和敌方地空作战单位的战技指标、数量和位置，通过修改游戏中兵种属性来充分考虑与实际作战装备战技指标的一致性；敌我双方可以采用相同的算法进行自我对抗训练和学习。

(2) 设计我方和敌方智能体的状态空间：主要由全局状态和局部状态两部分组成，全局状态主要包括我方和观测到的敌方单位的位置及其状态；局部状态包括其可视距离内的我方和敌方地空作战单位的位置及其状态；敌方算法所用的状态空间与我方算法一致；值得注意的是，为保证算法的训练速度和收敛性，状态空间参数需要进行规范化的缩放操作。

(3) 设计我方和敌方的动作空间：智能体的动作主要包括机动和打击，动作空间可以采用离散或连续空间建模方法，如动作空间采用三维连续实数元组([–1,1]，距离 r，角度 φ，角度 θ)进行描述，第一维小于 0 时表示机动行为，大于等于 0 时表示攻击行为，距离 r、角度 φ 和角度 θ 表示针对当前智能体位置采用球坐标系描述的攻击或移动的距离和角度，其中 r 是到无人机的距离，φ 和 θ 分别是在水平和竖直方向上的夹角。

(4) 设计奖励函数：在完全消灭敌方作战单位的前提下，尽可能保存我方地空作战单位的数量，即使我方作战单位受到损伤，也希望是伤害分摊，而不是被完全摧毁或者是不惜一切代价全歼敌人等。

(5) 详细设计深度神经网络结构：如常见的 AC 框架，Actor 网络的输入为全局状态和每个智能体的局部状态，输出每个智能体的动作；Critic 网络对动作进行评价，其输入是全局状态、每个智能体的局部状态、Actor 网络输出的动作以及奖励值，输出是 Q 值。

(6) 设计训练学习算法：设计数据收集采样、智能体动作探索方式、神经网络参数学习更新算法等，更新架构中各个深度神经网络参数。一般以战斗的我方胜率变化情况作为是否收敛的判断标准。

(7) 算法性能测试：通过对不同场景下的测试，可以评估判断算法是否能够较好地解决多智能体对战问题，是否有较强的泛化能力。同时通过对战过程分析，观察多智能体是否学习到了人类可理解的智能行为，如典型的或者新颖的战术战法。

2.5　即时策略对抗研究环境

1.《星际争霸》AI 研究环境

目前多智能体即时策略对抗研究主要以《星际争霸》作为算法验证系统，

开始解决复杂环境下不完全信息动态博弈问题，常见的平台接口包括 BWAPI、TorchCraft、SC2LE、PySC2、SparCraft 和 JarCraft 等。

《星际争霸：母巢之战》(StarCraft: Brood War)是暴雪娱乐公司 1998 年创作的即时策略游戏，游戏界面如图 2.3 所示。《星际争霸》有三大种族，分别是人族、神族和虫族，每个种族拥有各自迥然不同的建筑、科技和战斗单位。玩家通过采集资源建设基地、发展军备、相互对战，最终击败对手。《星际争霸》AI 研究平台具有占用资源少、训练速度快、研究历史悠久、相关工具多、研究社区活跃、相关比赛成熟、算法性能基准完备等优势，满足我们对于多智能体即时策略对抗研究的要求。

图 2.3 《星际争霸：母巢之战》游戏界面

《星际争霸》AI 研究环境主要包括以下几方面内容：

(1)《星际争霸：母巢之战》：采用《星际争霸》1.16.1 版本，运行于 Windows 平台之上。

(2)《星际争霸》底层数据访问 API：该 API 中只暴露了玩家可以观测到的内容，而战争迷雾之后的信息并不会显示，最大限度地保证了公平性。

(3) Torch 和 TorchCraft[41]：Torch 是一种科学的计算框架，广泛支持机器学习算法；TorchCraft 框架实现了 Torch 机器学习框架与《星际争霸》之间的通信，由 Facebook 开源和维护。TorchCraft 提供 Python 接口，可以方便地在《星际争霸》平台上进行深度学习与强化学习的研究。

(4) 深度学习框架：可以采用 TensorFlow 或 PyTorch 等作为深度学习框架编码实现整个深度强化学习算法等。

《星际争霸 II》AI 研究环境 SC2LE 由 2017 年 8 月谷歌 DeepMind 联合暴雪娱乐发布，使人工智能的研究进入一个全新的阶段[27]。现有很多研究也开始基于《星际争霸 II》AI 研究平台，但主要研究全流程对战为多[22, 23, 42]，并且对于研究者来说，《星际争霸 II》AI 研究所需的资源较多，其安装程序大小就达数十吉字节，而《星际争霸》则只有 200MB 左右，并且训练时需要更多的计算资源，如南京大学的 AI 程序用到了 48 核 CPU 和 8 个 K40 GPU；腾讯的 AI 用到了 3840 个 CPU 和 1 个 GPU，这在很大程度上提高了对一般科研人员的研究门槛，研究者以大的科研机构居多。《星际争霸 II》的 AI 比赛才开始起步，参与人数较少。《星际争霸 II》游戏界面如图 2.4 所示。

图 2.4 《星际争霸 II》游戏界面

2. ELF

ELF (extensive lightweight flexible) 是 Facebook 开发的面向游戏的机器学习框架，主要针对 RTS 游戏，具有可扩展 (extensive)、轻量 (lightweight) 和灵活 (flexible) 等特性，并且具有并行计算支持能力[43]。ELF 内置以下三款 RTS 引擎：

(1) MiniRTS（迷你即时策略）：MiniRTS 已具备 RTS 的关键特性，包括资源采集、建造、组队、侦察、防御、进攻。用户可以访问它的内部表示，并自由地修改设定。游戏界面如图 2.5 所示。

(2) Capture the Flag（夺旗）：夺旗带回自己的基地。

(3) Tower Defense（塔防）：建立防御塔抵挡敌人入侵。

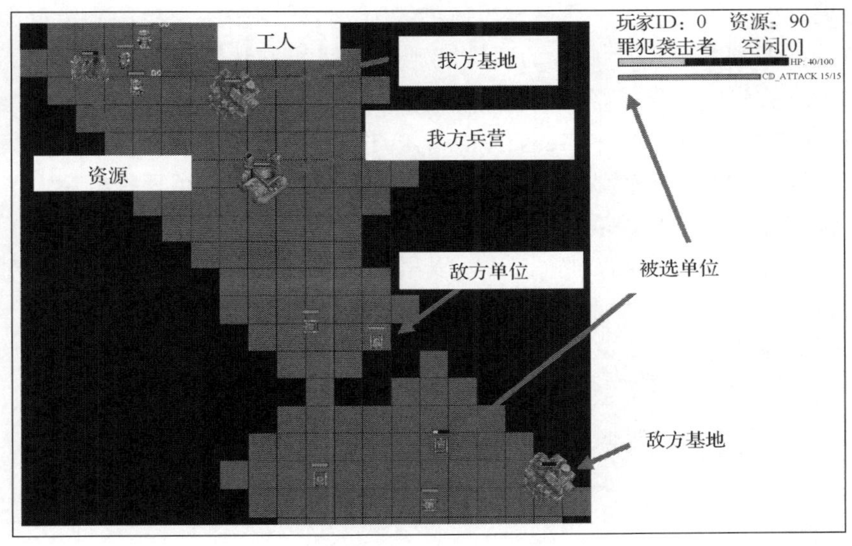

图 2.5　ELF MiniRTS 游戏界面

ELF 为游戏研究提供了端到端的解决方案，包括微型即时战略游戏环境、并行模拟、符合直觉的 API、基于 Web 的可视化方案，基于 PyTorch 的强化学习后端。只需编写一个简单的封装程序，任何基于 C/C++接口的游戏都可以接入 ELF。ELF 运行迅速，额外开销极少。ELF 自带的 MiniRTS 可以在 MacBook Pro 上达到每秒每核 4 万帧。从头开始训练一个 MiniRTS 在 6 个 CPU 加 1 个 GPU 的机器上需要一天。ELF 同时提供一个轻量而强大的强化学习框架，支持大多数现存的强化学习算法，并且提供了基于 PyTorch 的先进的决策-评估算法。

3. MaCA

MaCA（Multi-agent Combat Arena）由中国电子科技集团公司认知与智能实验室发布，是国内首个可模拟军事作战的轻量级多智能体对抗与训练平台，是多智能体对抗算法研究、训练、测试和评估的环境。目前 MaCA 环境中预设了两种智能体类型：探测单元和攻击单元。探测单元可模拟 L、S 波段雷达进行全向探测，支持多频点切换；攻击单元具备侦察、探测、干扰、打击等功能，可模拟 X 波段雷达进行指向性探测，模拟 L、S、X 频段干扰设备进行阻塞式和瞄准式电子干扰，支持多频点切换。攻击单元还可模拟对敌方进行火力攻击，同时具有无源侦测能力，可模拟多站无源协同定位和辐射源特征识别。MaCA 环境为研究利用人工智能方法解决大规模多智能体分布式对抗问题提供了很好的支撑，面向多智能体深度强化学习开放了 API 接口，支持 Python 语言和 TensorFlow、PyTorch 等常用深度学习框架的集成调用。但当前的版本暂缺乏地形设置的能力。2019 年采用该平台举办了第一届多智能体对抗挑战赛，分别针对同构和异构多智能体对抗问题，20 多支队伍经过近 10 万场的对抗比拼，以累计积分方式进行排名。MaCA 对抗界面如图 2.6 所示。

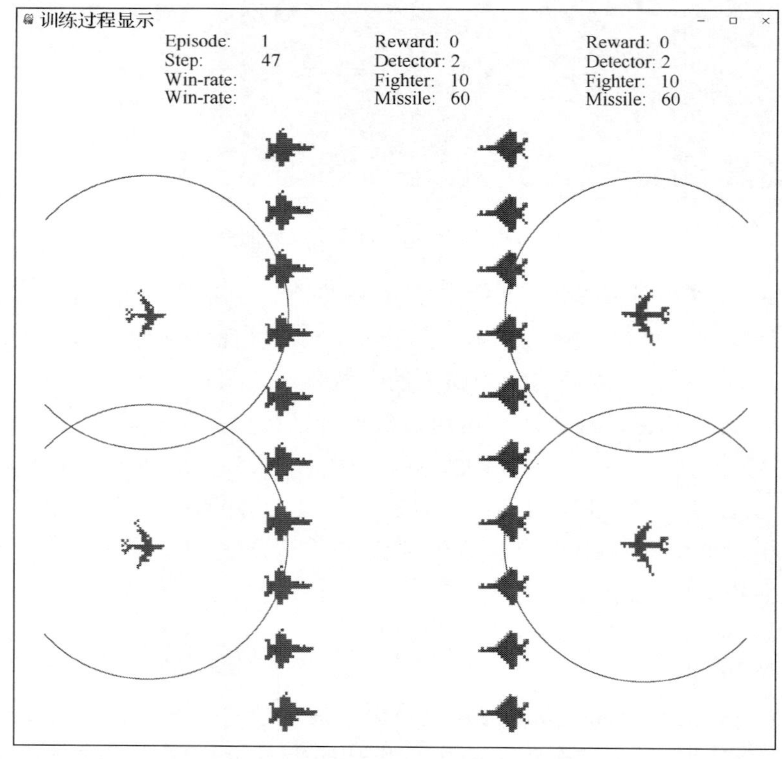

图 2.6　MaCA 对抗界面

本书选择《星际争霸》作为 AI 研究平台，主要基于以下原因：

(1)《星际争霸》是国内外多智能体深度强化学习研究的主要平台和工具，为各种算法提供了公开、统一的性能测试环境。《星际争霸》具有多种类型的兵种，可以快速源源不断地产生训练数据，并且可以涌现出人类可理解和观测的智能战术和战法。

(2)《星际争霸》游戏对抗与军事领域多兵种对抗具有天然的高度相似性。尽管如此，《星际争霸》毕竟是真实战争的高度抽象，与真实战争对抗在很多方面还是有所不同，主要包括以下两方面：一方面，游戏中战斗单位的弹药是无限的，这点与真实战争中武器装备所载的有限弹药量不符合；另一方面，游戏中战斗单位在生命值为零之前，拥有完全的战斗能力，如机动能力和攻击能力等，这点也与真实战争不符，武器装备和人员损坏到一定程度将丧失部分或完全的战斗能力。

2.6　对抗场景与算法性能基准

1. 对抗场景分类

对对抗场景进行分类的主要原因在于当前提出的算法通常不具备很好的泛化能力，只能在某些特定的场景下性能表现良好，而不能在所有的场景下都具有良好的性能。

多智能体即时策略对抗场景可以从以下角度进行分类：

(1) 从双方兵力是否对称相同的角度，可以分为对称场景和不对称场景；

(2) 从双方兵力兵种类型是否单一的角度，可以分为单兵种场景和多兵种场景；

(3) 从双方兵力数量多寡的角度，可以分为小规模场景、中等规模场景和大规模场景；

(4) 从敌方策略的角度，可以分为敌方游戏内置 AI 场景、基于知识驱动的启发式策略场景和人类顶级高手综合策略场景；

(5) 从战场环境复杂度的角度，可以分为简单环境场景和复杂环境场景。

以上的分类方式从不同的特性侧面对对抗场景进行了描述，具体的对战场景是以上分类场景的混合场景，如简单环境下，敌方采用攻击最近优先策略的小规模单兵种对称对抗场景。

2. 当前对抗场景及算法性能基准

当前研究场景还处于简单环境下中小规模对抗场景，缺乏大规模对抗场景，尚未形成统一的基准测试场景。由于《星际争霸》中环境因素的复杂性、兵种的多样性以及平衡性的考虑，构建算法性能测试的基准场景还是一个开放问题。

分析当前研究成果：从敌方的策略角度看，大多数场景的对手是游戏内置的 AI，少数场景的对手是其他基于知识驱动的启发式 AI；从算法泛化能力衡量的角度看，基准场景可以分为训练场景和测试场景。当前对抗场景及算法性能结果如表 2.1～表 2.3 所示。表中 M 为 Marine（枪兵），Z 为 Zergling（猎犬），W 为 Wraith（隐形飞机），D 为 Dragoon（龙骑），ZL 为 Zealot（狂徒），MU 为 Mutalisk（飞龙），CO 为 Corsair（海盗船）。

表 2.1　敌方 AI 为游戏内置 AI 场景下各算法胜率　（单位：%）

场景	weakest	closest	GMEZO[45]	CommNet	BiCNet	PS-MAGDS	COMA
M5 vs M5	90	87	100	95	92	—	81
M10 vs Z13	23	41	57	44	64	97	—
M15 vs M16	0	67	63	68	71	—	—
W15 vs W17	0	3	42	47	53	—	—
M20 vs Z30	0	87	88.2	100	100	92.4	—
D2+ZL3 vs D2+ZL3	—	—	90	—	—	—	47
M3 vs M3	—	—	—	—	—	—	87
W5 vs W5	—	—	74	—	—	—	82

表 2.2　敌方 AI 为非游戏内置 AI 场景下进化策略算法胜率　（单位：%）

场景	weakest-closest	closest
M10 vs Z13	90	90
MU10 vs CO5	90	88
M15 vs M16	6	0
W15 vs W17	30	0
M5 vs M5	34	47

表 2.3　泛化能力测试基准场景和算法胜率　（单位：%）

训练场景	测试场景	GMEZO	PS-MAGDS
M15 vs M16	M5 vs M5	80	—
	M15 vs M15	80	—
	M18 vs M18	82	—
	M18 vs M20	17	—
W15 vs W17	W5 vs W5	74	—
	W15 vs W13	100	—
	W15 vs W15	99	—
	W18 vs W18	100	—
	W18 vs W20	76	—
M20 vs Z30	M10 vs Z12	—	99.4
	M15 vs Z20	—	98.2
	M20 vs Z25	—	99.8
	M40 vs Z60	—	80.5
M10 vs Z13	M5 vs Z6	—	80.5
	M8 vs M10	—	95
	M8 vs Z12	—	85
	M10 vs Z15	—	81

2.7　小　　结

本章从问题、方法、流程、工具和算法基准方面对多智能体即时策略对抗基础进行了介绍。首先对多智能体即时策略对抗问题进行了形式化描述，随后介绍了多智能体强化学习基础、当前主要的解决方法、算法研究流程，以及典型的即时策略对抗 AI 研究环境和对抗场景与算法性能基准，为下一步算法研究打下了坚实基础。

思　考　题

(1) 目前多智能体即时策略对抗的主要解决方法有哪些？

(2) 选择《星际争霸》作为研究案例的原因有哪些？

(3)《星际争霸》中微观管理指什么？

(4) 完全合作任务算法能否解决多智能体即时策略对抗问题？

第 3 章　多智能体双向协调网络

智能体间的交流和合作是多智能体群体智能涌现的基础。智能体之间有效的沟通和协作是迈向通用人工智能不可或缺的一步。BiCNet 是一种利用双向神经网络的多智能体强化学习框架[18]。在《星际争霸》微观管理任务中，智能体之间通过内部双向通信进行协作。BiCNet 采用 AC 框架，通过端到端学习，可以成功地学会多种有效协同策略。实验结果证明，BiCNet 可以在即时战略游戏《星际争霸》中协作各兵种，产生多种有效战术，BiCNet 框架如图 3.1 所示。

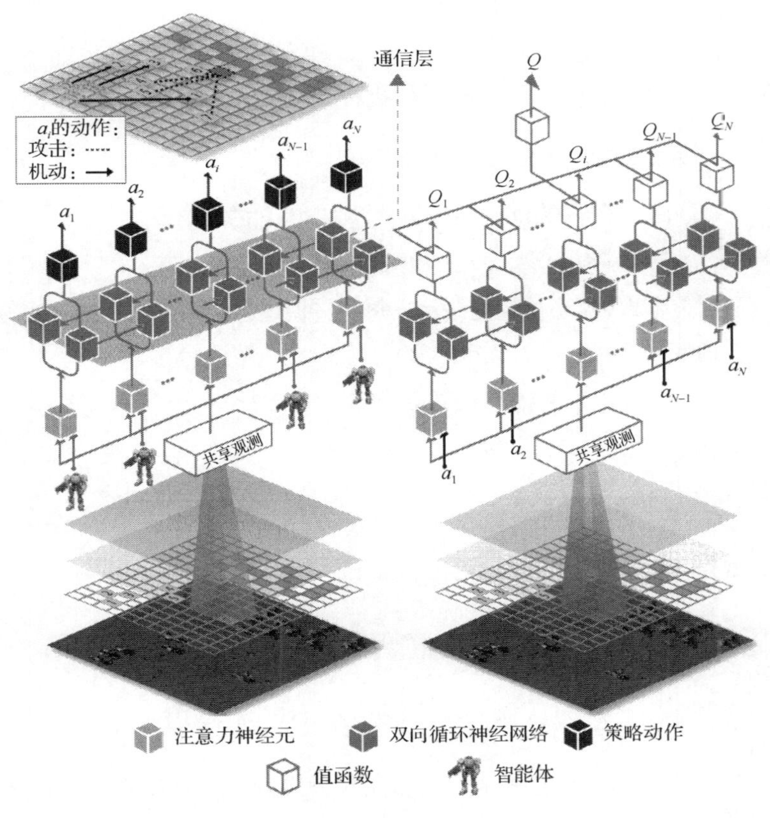

图 3.1　BiCNet 框架

3.1 算法架构

BiCNet 算法如下所示。

算法 3.1 BiCNet 算法

初始化 Actor 网络 θ 和 Critic 网络 ξ
初始化目标 Actor 网络 $\theta' \leftarrow \theta$ 和 Critic 网络 $\xi' \leftarrow \xi$
初始化经验缓存 D
For episodes=1, 2, $\cdots$, E do
  初始化随机过程 μ 用于动作探索
  接收初始的观测空间 s^1
  For t=1, 2, $\cdots$, T do
    针对每个智能体，选择和执行动作 $a_i^t = a_{i,\theta}(s^t) + \mu_t$
    接收奖励 $[r_i^t]_{i=1}^N$ 和新的状态 s^{t+1}
    存储状态转换过程 $(s^t, [a_i^t, r_i^t]_{i=1}^N, s^{t+1})$ 至缓存 D
    从 D 中随机采样 M 个状态转换过程
    使用双向循环神经网络计算每个转换过程中每个智能体的目标值：
    For m =1, 2, $\cdots$, M do
      对每个智能体计算 $\widehat{Q}_{m,i} = r_{m,i} + \lambda Q_{m,i}^{\xi'}(s_m^{t+1}, a_{\theta'}(s_m^{t+1}))$
    End for
  计算 Critic 梯度估计：
  $\Delta\xi = \frac{1}{M}\sum_{m=1}^{M}\sum_{i=1}^{N}[(\widehat{Q}_{m,i} - Q_{m,i}^{\xi}(s_m, a_\theta(s_m))) \cdot \nabla_\xi Q_{m,i}^{\xi}(s_m, a_\theta(s_m))]$
  计算 Actor 梯度估计，并且采用 Critic 梯度估计代替 Q 值：
  $\Delta\theta = \frac{1}{M}\sum_{m=1}^{M}\sum_{i=1}^{N}\sum_{j=1}^{N}[\nabla_\theta a_{j,\theta}(s_m) \cdot \nabla_{a_j} Q_{m,i}^{\xi}(s_m, a_\theta(s_m))]$
  采用上面的梯度估计和 Adam 方法更新 Actor 网络和 Critic 网络
  更新目标网络：

```
        ξ'=γξ+(1−γ)ξ',  θ'=γθ+(1−γ)θ'
    End For
End For
```

1. 状态空间、动作空间和奖励函数设计

状态空间包括战场环境、我方兵力和敌方兵力的数量和状态等内容，是一个高维的张量，需要从中选择出有限的维数作为状态空间，成为多智能体对抗决策的输入。状态空间分为两部分：一部分是共享的状态空间，在所有智能体间共享，如战场环境信息、我方兵力和敌方兵力的部分信息等，这使得每个智能体具有全局的视野；另一部分是局部状态信息，由每个智能体通过对周围一定范围(如视距范围)内环境的感知得到，如其附近我方和敌方智能体的数量、位置和状态等信息，其特点是局部信息较为详尽、信息实时性较高，该局部视野有助于智能体采取具体的动作或对其动作进行调整。在《星际争霸》中，每个智能体的状态空间是一个从 72×72 大小地图上抽取的 72×72×16 的张量，每个通道描述智能体的生命值、伤害或者地图上其他智能体的安全攻击距离等，具体使用了哪些信息尚不明确。

每个智能体动作空间采用连续状态描述，为一个 3 维实数向量，介绍如下：

(1) 第 1 维为攻击概率，从[0,1]中抽取一个值，如果采样值为 1，则智能体攻击；否则，智能体移动。

(2) 第 2 维和第 3 维对应的是采用极坐标描述的角度和距离，表示智能体从当前位置移动或者攻击的目的地。

首先，定义时变的全局奖励函数计算公式：

$$r_t(s,a,b)=\frac{1}{M}\sum_{j=N+1}^{N+M}\Delta R_j^t(s,a,b)-\frac{1}{N}\sum_{i=1}^{N}\Delta R_i^t(s,a,b)$$

其中，$r_t(s,a,b)$ 表示在时刻 t、状态 s 下，我方智能体采用动作 a、敌方智能体采用动作 b 时，我方智能体的全局奖励。上式的物理意义表示敌方智能体生命值的减少量均值减去我方智能体生命值的减少量均值。$\Delta R_i^t(s,a,b)=R_i^{t-1}(s,a,b)-R_i^t(s,a,b)$，$R$ 表示智能体的生命值，ΔR 表示生命值的减少量。我方智能体的目标是学习到一种策略可以最大化奖励之和，即

$E\left\{\sum_{k=0}^{+\infty}\gamma^k r_k\right\}$，其中 γ 是奖励折扣因子。对应的敌方智能体的联合策略是最小化奖励之和。

局部奖励函数设计。只使用全局奖励函数可能会忽略以下事实：团队协作通常由局部协作和奖励函数促成，并且通常包括某些内部结构，每个智能体倾向于根据自己的目标来推动合作。为建模此种情况，可以定义每个智能体有自己的局部奖励函数，我方单个智能体 i 的奖励函数可以定义为如下形式：

$$r_i^t(s,a,b)=\frac{1}{|\text{top}-K-u(i)|}\sum_{j\in\text{top}-K-u(i)}\Delta R_j^t(s,a,b)-\frac{1}{|\text{top}-K-e(i)|}\sum_{k\in\text{top}-K-e(i)}\Delta R_k^t(s,a,b)$$

其中，$\text{top}-K-u(i)$ 表示与智能体 i 交互的 K 个智能体中敌方的智能体集合；$\text{top}-K-e(i)$ 表示与智能体 i 交互的 K 个智能体中我方的智能体集合。上式表示智能体 i 的奖励由最近的 K 个智能体(包括我方和敌方)的生命值减少量决定，具体来说，是其中敌方智能体的生命减少量减去我方智能体生命减少量。算法最终采用局部奖励函数计算每个智能体每步的奖励。

2. 网络结构

由于强对抗对算法实时性要求很高，强化学习中传统的 Minimax-Q 学习算法难以使用。因此，采用 AC 框架建立模型的求解框架。

策略网络(Actor 网络)和 Q 网络(Critic 网络)都是基于双向循环神经网络(recurrent neural network，RNN)结构。双向 RNN 结构不但可以作为智能体间的通信通道，还可以作为本地的记忆器，使得智能体能够保持其内部状态的同时与其他智能体共享信息。策略网络(Actor 网络)的输入为共享的观测信息加上每个智能体的局部观测信息，输出是每个智能体的动作。Q 网络(Critic 网络)的输入是共享的观测信息加上每个智能体的动作，输出是每个智能体的 Q 值及其 Q 值之和。

多智能体通信采用双向长短期记忆(long short term memory，LSTM)网络建立智能体间的通信模型，为减少模型的计算量，对模型每层神经元的个数和层数都进行限制。双向 LSTM 网络能较好地平衡通信的数据量以及计算量，同时能够处理动态变化的智能体数量，如兵力被消灭或有新的兵力加入。

双向 LSTM 网络的输出由前面若干输入和后面若干输入共同决定，前向层和反向层共同连接着输出层，双向 LSTM 网络的结构如图 3.2 所示。在前向层从时刻 1 到时刻 t 正向计算一遍，得到并保存每个时刻向前隐含层的输出。在反向层沿着时刻 t 到时刻 1 反向计算一遍，得到并保存每个时刻向后隐含层的输出。最后在每个时刻结合前向层和反向层的相应时刻输出的结果得到最终的输出，前向层输出 h_t 、反向层输出 h_t' 和输出层 o_t 数学表达式如下：

$$h_t = f(w_1 x_t + w_2 h_{t-1})$$

$$h_t' = f(w_3 x_t + w_5 h_{t+1}')$$

$$o_t = g(w_4 h_t + w_6 h_t')$$

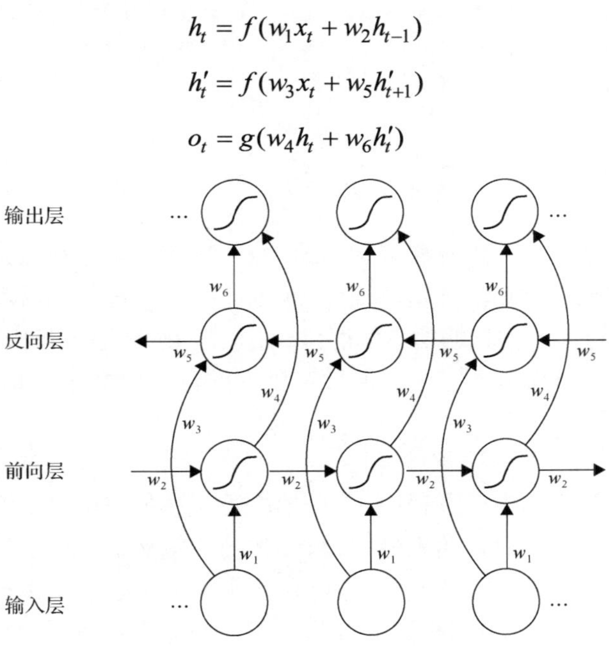

图 3.2　双向 LSTM 网络结构图

3. *学习方法*

定理 3.1（多智能体确定性策略梯度定理）　给定采用策略参数 θ 、折扣状态分布 $\rho_{a_\theta}^{\tau}(s)$ 和目标函数 $J(\theta)$ 联合表示的 N 个智能体，其策略梯度计算方式如下：

$$\nabla_\theta J(\theta)=E_{s\sim\rho_{a_\theta}^{\tau}(s)}\left\{\sum_{i=1}^{N}\sum_{j=1}^{N}[\nabla_\theta a_{j,\theta}(s)\cdot\nabla_{a_j}Q_i^{a_\theta}(s,a_\theta(s))\right\}$$

其中，$J(\theta)=E_{s\sim\rho_{a_\theta}^{\tau}(s)}\left\{\sum_{i=1}^{N}r_i(s,a_\theta(s))\right\}$。

采用 Critic 函数估计动作-值函数 $Q_i^{a_\theta}$，采用误差平方和训练网络参数为 ξ 的 Critic 网络，其梯度计算方式如下：

$$\nabla_{\xi}L(\xi)=E_{s\sim\rho_{a_\theta}^{\tau}(s)}\left\{\sum_{i=1}^{N}r_i(s,a_\theta(s))+\lambda Q_i^{\xi}(s',a_\theta(s'))-Q_i^{\xi}(s,a_\theta(s))\cdot\nabla_{\partial\xi}Q_i^{\xi}(s,a_\theta(s))\right\}$$

值得注意的是，该梯度与策略网络一致，都是从多个智能体聚合的。Actor 网络和 Critic 网络都采用随机梯度下降算法进行训练。定理的详细证明过程可以参考文献[18]。

3.2　训 练 方 法

针对连续动作空间进行探索和学习问题，采用向量化深度确定性策略梯度算法进行训练。该算法借鉴了深度 Q 网络学习中经验回放和目标网络的思想，基于确定性动作策略的 AC 框架，用双向 RNN 逼近行为–值函数和确定性策略。算法训练利用了经验回放和独立的目标网络方法改进训练过程。

1. 动作探索策略

在强化学习样本生成过程中，采用随机噪声添加方法探索潜在的更优策略为动作的决策机制引入随机噪声，将动作的决策从确定性过程变为一个随机过程，再从这个随机过程中采样得到动作，下达给环境执行。算法使用 Uhlenbeck-Ornstein（UO）随机过程，作为引入的随机噪声。UO 随机过程在时序上具备很好的相关性，可以使智能体很好地探索具备动量属性的环境。

2. 经验回放

在深度学习取得重大进展的监督学习中，样本间都是独立同分布的。而强化学习中的样本在时间上是高度关联和非静态的，直接用于训练会导致神经网络过拟合，使得训练的结果很难收敛。经验回放机制构建一个存储缓存把样本都存储下来，通过随机小批量采样去除相关性，这样采样的数据可以认为是无关联的。

3. 独立的目标网络

原始的 Q 学习中，在 1 步时间差分误差返回，样本标签 y 使用的是和训练的 Q 网络相同的网络。通常情况下，能够使得 Q 值大的样本，y 也会大，这样模型振荡和发散的可能性变大。而构建一个慢于当前 Q 网络的独立目标 Q 网络来计算 y，使得训练振荡发散的可能性降低，从而更加稳定。

3.3　实验设计与结果分析

1. 实验设计和结果

在实验设计时分为简单场景、困难场景和异构智能体场景，敌方为游戏内置 AI：Builtin，算法胜率比较如表 3.1 所示。

表 3.1　算法胜率比较　（单位：%）

地图	基于规则			基于强化学习				
	Builtin	weakest	closest	IND	FC	GMEZO	CommNet	BiCNet
M20 vs Z30	100	0	87	94	1	88	100	100
M5 vs M5	72	90	70	31	80	91	95	92
M15 vs M16	61	0	67	59	44	63	68	71
M10 vs Z13	55	23	41	52.2	43	57	44	64
W15 vs W17	44	0	30	31	46	42	47	53

表 3.1 中涉及的几种算法解释如下。

(1) IND (independent controller)：为每个智能体训练模型，并在战斗中单独控制每个智能体。虽然这种方法能够适用于所有类型的多智能体战斗，但是智能体间没有信息共享。

(2) FC (fully-connected)：为所有的智能体训练模型，所有智能体之间的通信是全连接的。当任何一方的智能体数量改变时，都需要重新训练模型。

(3) GMEZO：用于完成《星际争霸》中的微观管理任务，其中引入了两个新的想法：一是对智能体采用贪婪更新进行合作，二是在参数空间中添加偶发性噪声以进行探索。

(4) CommNet：是一种多智能体网络，旨在学习多个智能体间的通信。

为了进行公平比较，采用同样的(状态空间、动作空间)进行实现，遵循一致的训练过程。

2. 涌现出人类级的协作

1) 配合走位

多个智能体学会配合走位，避免相互发生碰撞。以三个枪兵攻击一只超级猎犬为例，这只猎犬是重新编辑过的，血量非常大，无法一下消灭。其实枪兵在训练的早期没有学会太多的配合意识，所以走位时经常会发生碰撞，可能经过几万轮的训练以后，枪兵慢慢学会了配合队友走位，碰撞次数减少，当训练变得稳定时，枪兵学会协作移动。这种协作移动在大规模战斗中非常重要。

2) 边打边撤

边打边撤是当智能体处于被攻击状态时移动，当智能体安全时再次反击，这是更加高级和精细的协同策略的基础。以三个枪兵攻击一个狂徒为例，利用远程攻击的优势来消灭敌人，边打边撤示意图如图 3.3 所示，分别表示在时序上的撤—打—撤—打战术。由于枪兵是远程攻击单位，狂徒是近战攻击单位，通过 BiCNet 算法学习，枪兵可以快速掌握这种战术。

3) 协作掩护攻击

协作掩护攻击是经常在真实战场上使用的高级别协作战术。其本质是让一个智能体从敌人身上汲取火力或注意力，同时，其他智能体利用这段时间或距离差输出更多伤害。进行协作掩护攻击的难度在于如何以协作一致的方式安排多个智能体以边打边撤的方式顺序移动。以三个龙骑攻击一头雷兽(敌人)为例。在时间步 1，BiCNet 算法控制底部的两个龙骑远离敌方的雷兽，而右上角的龙骑立即开始攻击敌方的雷兽以掩护。作为回应，雷兽开始在时间步 2 攻击最近的龙骑。底部的两个龙骑反击并形成另一个掩护。通过不断循环这一战略，龙骑团队保证对雷兽的连续攻击输出，同时最大限度地减少团队级别的伤害(因为雷兽浪费时间瞄准不同的龙骑而未进行实际攻击)直到雷兽死亡，如图 3.4 所示。

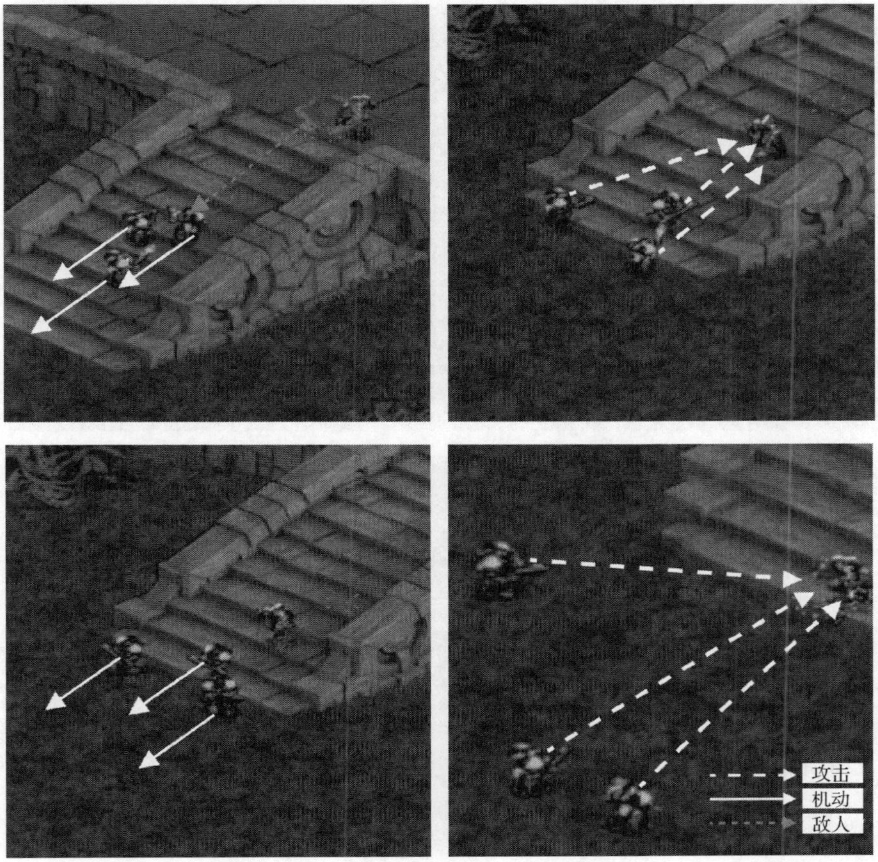

图 3.3　边打边撤示意图

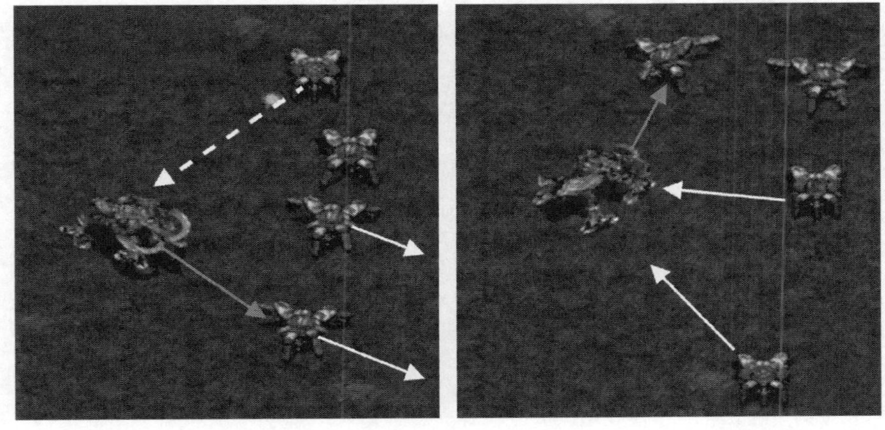

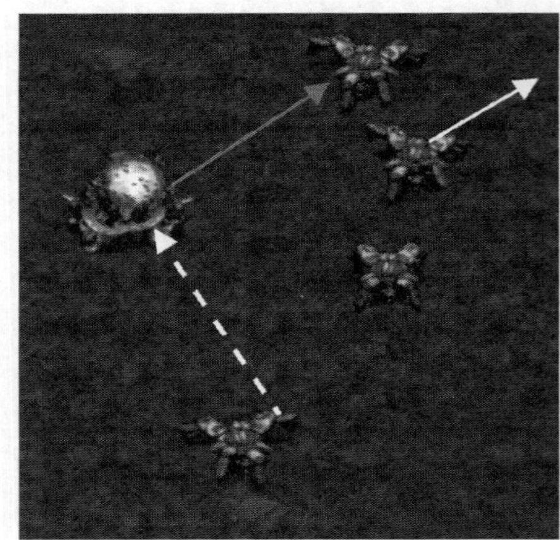

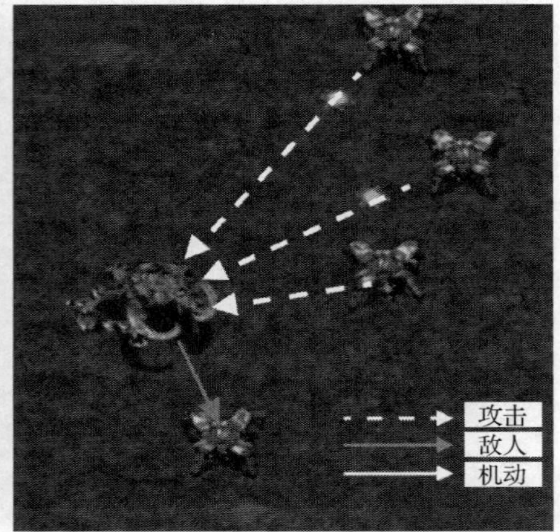

图 3.4 协作掩护攻击示意图

4)分组集火攻击

随着智能体数量的增加，如何有效地分配攻击资源变得更加重要。好的策略既不会将攻击散布在所有的敌人上，也不会将攻击集中在一个敌人上，避免过度杀伤。以 15 个枪兵攻击 16 个枪兵为例，采取的策略可能是 3 个枪兵或者 4 个枪兵自动组成一组，火力集中逐个消灭，但不是 15 个枪兵攻击 1 个，而是分散火力，最后可能我方还剩 6 个枪兵，敌方已被全部消灭，这都是通过很多轮次的学习自动学到的一种策略，如图 3.5 所示。

5)异构兵种配合

在《星际争霸》中，有数十种类型的智能体单位，每种都有独特的功能、动作空间、力量和弱点。对于涉及不同类型单位的战斗，希望通过不同兵种的协同合作达成双赢。简单的参数共享仅限于相同类型的智能体协作，在 BiCNet 算法中可以轻松实现异构智能体间协作。以两辆运输机加两辆坦克攻击一头雷兽为例，正常讲，两辆坦克攻击一头雷兽肯定无法获胜，加上运输机的配合以后，当雷兽攻击某一辆坦克时，运输机会及时将这辆坦克收起，因为雷兽只能攻击地面单位，无法攻击运输机，所以雷兽会扑空，同时另外一辆运输机立即将其收起的坦克放下去，去攻击雷兽，这样雷兽可能攻击不到任何敌人就被消灭了，如图 3.6 所示。

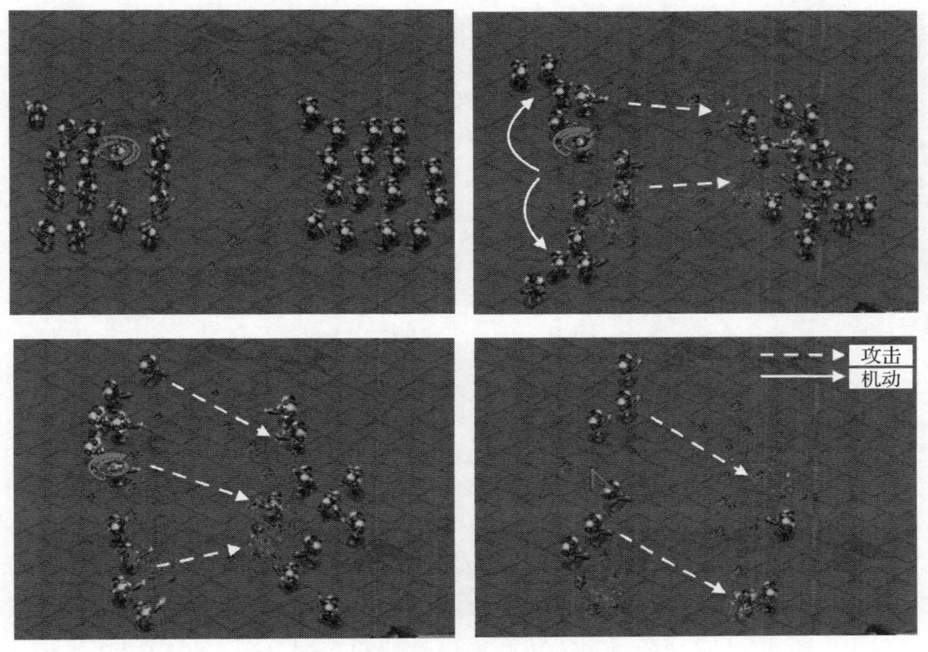

图 3.5　分组集火攻击示意图

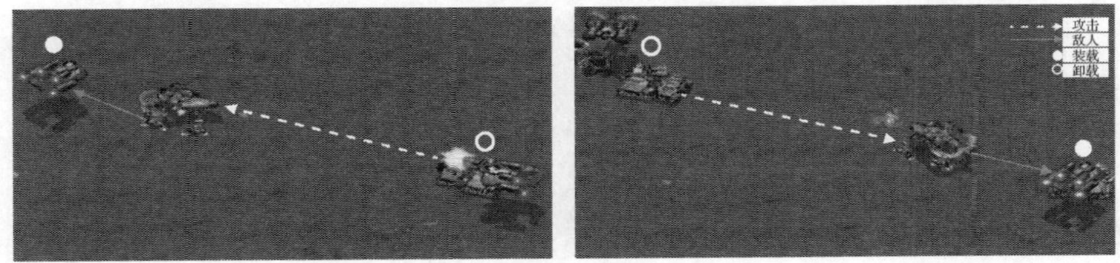

图 3.6　异构兵种配合示意图

3. 高 Q 值代表更优的多智能体联合动作

通过将 3 个枪兵攻击 1 只超级猎犬(敌人)的掩护攻击模型输出可视化，收集 Critic 网络最后的隐含层超过 1 万步的值，然后使用 t-SNE(t-distributed stochastic neighbor embedding)算法嵌入二维空间进行可视化展示。观察到高 Q 值的步数聚集在嵌入空间的相同区域中。图 3.7 左上角显示智能体在远距离攻击敌人，而敌人不能攻击到智能体时，模型预测具有高 Q 值，当距敌人较近时，智能体受到敌人攻击，导致低的 Q 值，如图 3.7 所示。

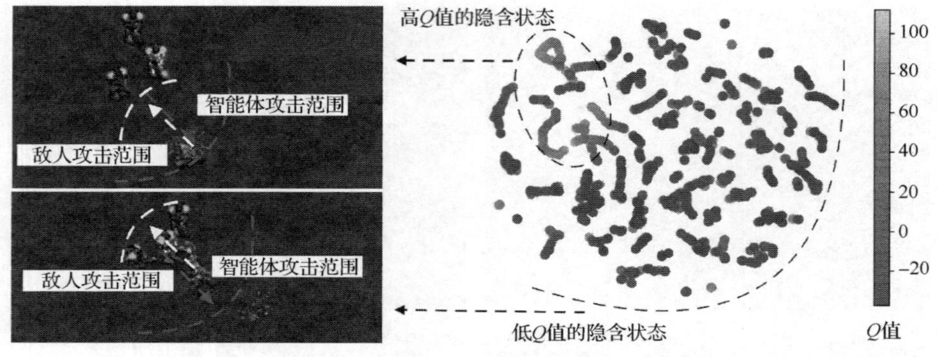

图 3.7　3 个机枪兵与 1 只超级猎犬战斗可视化

3.4　小　　结

BiCNet 算法采用向量化的 AC 框架，通过内部层的双向循环网络通信，支持同构和异构智能体协作，能够端到端地学习到一些有效的协作策略。实验证明了 BiCNet 能够在《星际争霸》中合作和掌握五种人类级协作策略。

通过分析，发现 BiCNet 还存在以下问题：

(1) 模型的泛化能力弱。在不同的场景下，包括地图地形、智能体数量和类型等，BiCNet 都需要重新学习，一个场景下学习到的模型难以处理类似的场景。

(2) 双向通信网络架构的脆弱性。在多智能体即时策略对抗中，我方智能体很可能被杀死，此时这种双向链式结构会发生断裂，在智能体间难以有效地传递信息。

(3) BiCNet 算法实现并未开源。其中状态空间、双向 RNN 结构设计参数等实现细节并未公布，导致其他研究人员很难精确地复现其工作成果。

思　考　题

(1) BiCNet 解决了多智能体即时策略对抗中的哪些问题？效果如何？

(2) BiCNet 如何实现多智能体间的通信？

第4章　反事实多智能体策略梯度

反事实思维(counterfactual thinking)是个体对不真实的条件或可能性进行替换的一种思维过程。反事实思维是对过去已经发生过的事件进行判断和决策后的一种心理模拟。反事实思维通常是在头脑中对已经发生了的事件进行否定，然后表征原本可能发生但现实并未发生的心理活动。它在头脑中一般是以反事实条件句的形式出现。反事实条件句一般具有"如果……，那么……"的形式。根据发生的方向可将反事实思维分为上行反事实思维和下行反事实思维：上行反事实思维是对于过去已经发生了的事件，想象如果满足某种条件，就有可能出现比真实结果更好的结果；下行反事实思维是指可替代的结果比真实的结果更糟糕。

反事实多智能体(COMA)策略梯度是一种新的多智能体 AC 方法[20]。COMA 策略梯度用反事实基线解决多智能体间信用分配(credit assignment)问题，即确定在联合动作中每个智能体动作对全局奖励的贡献程度。

COMA 策略梯度基于以下三个主要思想：

(1)采用集中式 Critic 网络训练，分布式执行。在训练时，多个智能体使用同一个集中式的 Critic 网络集中训练，充分利用全局信息，稳定地学习协作。在实际执行时，每个智能体只基于自己的局部观察采用策略网络去决策，而无须 Critic 网络介入。这种方式是很多多智能体系统训练和执行的一种常见范式。

(2)采用反事实基线解决多智能体信用分配问题。其思想来源于差异奖励，也就是通过比较多智能体联合动作生成的全局奖励与将某个智能体的当前动作替换为默认动作之后所得奖励之间的差异，来解决信用分配的问题。差异奖励计算存在两个问题：一是智能体的默认动作不好选择；二是需要额外的仿真器来计算动作替换之后的奖励。COMA 策略梯度用集中式 Critic 网络计算一个优势函数以计算当前联合动作的奖励与边缘化单个智能体的动作同时保持其他智能体动作不变时的奖励。

(3)采用 Critic 网络有效估计反事实基线，可以扩展至大型神经网络。Critic 网络在给定其他所有智能体动作的情况下，能计算出某个智能体所有动作的 Q 值。

4.1 算法架构

1. 问题描述

采用随机博弈描述完全合作的多智能体任务。随机博弈 G 可以采用 8 元组形式化描述：

$$G=\langle S,U,P,r,Z,O,n,\gamma\rangle$$

其中，n 表示智能体的数量，设智能体 $a\in A\equiv\{1,2,\cdots,n\}$ ，环境状态 $s\in S$ ，每个智能体同时选择动作 $u^a\in U$ ，形成一个联合动作 $u\in U^n$ ，状态转换函数 $P(s'|s,u):S\times U^n\times S\to[0,1]$ ，所有智能体共享同一个全局奖励函数 $r(s,u):S\times U^n\to\mathbb{R}$ ， $\gamma\in[0,1)$ 是奖励折扣因子。单智能体的局部观测空间 $z\in Z$ ，其观测函数 $O(s,a):S\times A\to Z$ ；每个智能体有动作-观测历史信息 $\tau^a\in T\equiv(Z\times U)^*$ ，随机策略 $\pi^a(u^a|\tau^a):T\times U\to[0,1]$ 。值得注意的是，u 表示多智能体联合动作，u^a 表示单个智能体 a 的动作。

折扣回报 $R_t=\sum_{l=0}^{\infty}\gamma^l r_{t+l}$ ，智能体的联合策略引入了值函数 $V^\pi(s_t)=E_{s_{t+1:\infty},u_{t:\infty}}[R_t|s_t]$ 表示对 R_t 的期望；引入了动作-值函数 $Q^\pi(s_t,u_t)=E_{s_{t+1:\infty},u_{t+1:\infty}}[R_t|s_t,u_t]$ 。优势函数为 $A^\pi(s_t,u_t)=Q^\pi(s_t,u_t)-V^\pi(s_t)$ 。

2. 状态空间、动作空间和奖励设计

智能体的状态空间包括单个智能体的局部观察空间和全局状态空间。

单个智能体的局部观察空间是以智能体为中心，在其视野范围内的我方和敌方智能体的特征空间，主要包括到中心智能体的距离(distance)、相对 x 坐标(relative x)、相对 y 坐标(relative y)、智能体的类型(unit type)和护盾值(sheild)。所有的特征采用其最大值进行归一化。这些信息中不包括智能体当前目标的任何信息。护盾值是《星际争霸》中某些单位特有的属性，护盾能在其被打破之前吸收伤害，护盾被打破之后智能体才开始损失生命值。

全局状态表征包含地图上所有智能体的信息，如智能体相对于地图中心的位置、智能体的生命值和冷却值(CoolDown)，而不包括绝对的距离值。冷却值是指智能体在开火以后，要经过一段时间后才能进行下一次开火，这一段时间称为冷却值。

智能体的动作空间为离散动作，操作命令包括不同方向的移动(move[direction])、攻击(attack[enemy id])、停止(stop)和无操作(noop)。值得注意的是，move[direction]是指朝各个预定义的方向进行移动，常用的有 8 方向模型；stop 是指智能体停止一切动作；noop 是指对智能体不指定新的动作，智能体将延续上次生成的动作继续执行；attack[enemy id]是指当敌方智能体死亡或者不在视野范围内时将无法执行。

在每一步，所有智能体接收到同一个全局奖励。全局奖励等于对敌单位造成的伤害减去一半自身所受伤害；如果杀死一个敌人得到 10 点奖励；最终赢得游戏后所得的奖励为当前我方智能体的生命值加上 200。这种奖励计算方法不需要估计每个智能体的局部奖励。

3. 网络结构

COMA 采用集中式 Critic 网络和分布式 Actor 网络的架构，如图 4.1 和图 4.2 所示。每个智能体拥有自己的 Actor 网络，Actor 网络参数的更新受到 Critic 网络输出的优势函数的指导。Actor 网络的输入主要是智能体的局部观察，输出为智能体的动作和策略；集中式的 Critic 网络的输入包括所有智能体的策略、动作、全局状态表征和奖励值等，输出为每个智能体的优势函数。

集中式 Critic 网络是一个具有多个线性整流函数(rectified linear unit, ReLU)层和全连接层的前馈网络。超参数中最敏感的参数是 TD(λ)，设 λ=0.8 时 COMA 和其他基准方法拥有最好的性能。算法采用 Facebook 开源

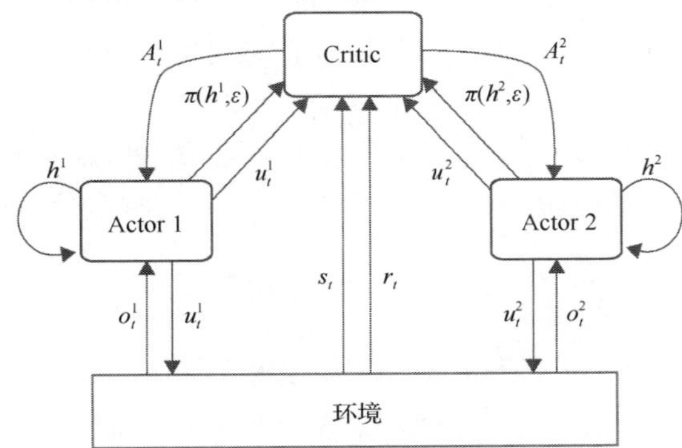

图 4.1　COMA 的信息流图

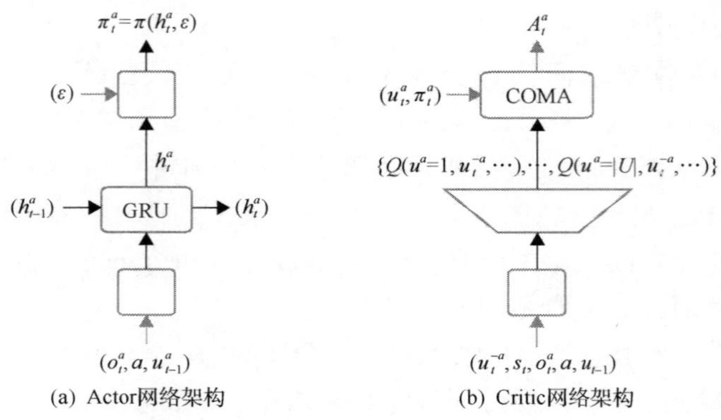

图 4.2　AC 框架

的 TorchCraft 和 Torch7 实现。算法可扩展性的瓶颈不是来自集中式的 Critic 网络，而是来自多智能体动作探索的难度。

4.2　学习算法

使用集中式 Critic 网络的一种简单方式是每个智能体梯度遵循基于 Critic 网络对 TD 误差的估计：

$$g=\nabla_{\theta^\pi}\ln\pi(u\mid\tau_t^a)(r+\gamma V(s_{t+1})-V(s_t))$$

然而，这种方法不能解决关键的信用分配问题。因为 TD 误差只考虑了全局奖励，每个智能体的梯度不是基于该智能体对全局奖励的贡献度计算而来的。当有许多智能体时，由于其他智能体在进行动作探索，该智能体的梯度会包含很多噪声。

因此，COMA 策略梯度引入了反事实基线方法解决信用分配问题。反事实基线是受到差异奖励的启发，在差异奖励中，智能体 a 的奖励设计为

$$D^a=r(s,u)-r(s,(u^{-a},c^a))$$

表示为全局奖励 $r(s,u)$ 减去智能体 a 采用默认动作 c^a 同时其他智能体动作不变时的奖励 $r(s,(u^{-a},c^a))$。当智能体 a 的奖励增加时，全局奖励 $r(s,u)$ 也会增加，因为 $r(s,(u^{-a},c^a))$ 不取决于智能体 a 的当前动作。

差异奖励是处理多智能体信用分配的一种有效方式。但是，计算过程需

要采用仿真器来估计 $r(s,(u^{-a},c^{a}))$。每个智能体都需要独立的反事实仿真来计算差异奖励。对此，科研人员提出了采用函数逼近器来估计差异奖励，这样虽然可以取代仿真器，但是需要用户指定默认的智能体动作 c^a 。c^a 在很多应用中是难以合理选择的，并且在 AC 框架中，这样会引入额外的近似误差。

COMA 策略梯度采用集中式的 Critic 网络估计在状态 s 下联合动作 u 的 Q 值 $Q(s,u)$。对每个智能体 a，能够计算优势函数(advantage function)比较 Q 值与反事实基线。反事实基线将保持其他智能体动作 u^{-a} 固定同时边缘化智能体 a 的动作 u^a 。优势函数定义如下：

$$A^{a}(s,u)=Q(s,u)-\sum_{u'^{a}}\pi^{a}(u'^{a}\mid\tau^{a})Q(s,(u^{-a},u'^{a}))$$

其中，$A^{a}(s,u)$ 为每个智能体计算单独的基线，这个过程采用集中式 Critic 网络推断反事实，直接从智能体的经验中学习，而不是依赖额外的仿真、奖励模型或者用户设计的默认动作。

通过集中式 Critic 网络，可以在一次前向传播通过 Actor 网络和 Critic 网络后计算每个智能体的反事实优势函数。并且，Critic 网络的输出维数为 $|U|$，而不是 $|U|^n$，其中 n 为智能体数量。虽然网络有很大的输入状态空间，但是其与智能体和动作的数量呈线性扩展关系，使得深度神经网络能在这些空间中具有很好的泛化能力。

引理 4.1　对具有兼容 TD(1)的 AC 算法，Critic 网络有 COMA 策略梯度：

$$g_{k}=E_{\pi}\left[\sum_{a}\nabla_{\theta_{k}}\ln\pi^{a}(u^{a}\mid\tau^{a})A^{a}(s,u)\right]$$

在每个迭代 k，有

$$\liminf_{k}\|\nabla J\|=0,\quad \text{以概率1}$$

反事实基线的梯度无偏，并且满足自洽性。其详细证明过程可参考文献[20]。

引理 4.1 建立了 COMA 策略到局部最优策略的收敛性证明。策略的参数化(即将单智能体联合动作分解为独立智能体动作)对于收敛性没有影响，只要策略保持可微性。该结论基于以下几个主要假设：

(1) 策略 π 是可微分的；

(2) Q 和 π 的更新时间标度足够慢，并且 π 比 Q 的更新要更慢；

(3) Q 的描述方式要与 π 兼容。

其详细证明过程可参考文献[44]。

算法 4.1　COMA 策略梯度算法

初始化 Critic 网络 θ_1^c，目标 Critic 网络 $\hat{\theta}_1^c$，Actor 网络 θ^π，更新间隔 c

For 每个训练阶段 e do

　清空缓存 buffer

　For $e_c = 1$ to $\dfrac{\text{BatchSize}}{n}$ do

　　　$s_1 =$ 初始状态， $t = 0$， $h_0^a = 0$(向量)，a=1,2,⋯,n

　　　While $s_t \neq$ terminal 并且 $t < T$ do

　　　$t = t + 1$

　　　For 每个智能体 a do

　　　　　$h_t^a = \text{Actor}(o_t^a, h_{t-1}^a, u_{t-1}^a, a, u; \theta)$

　　　　　从策略 $\pi(h_t^a, \varepsilon(e))$ 中采样动作 u_t^a

　　　End For

　　　获取奖励 r_t 和下一状态 s_{t+1}

　　　End While

　　　　　将对战数据加入缓存 buffer

　End For

　收集缓存 buffer 中的对战数据形成单独批次(single batch)

　For t=1 to T do

　　　使用状态、动作和奖励数据批量展开 RNN

　　　使用 $\hat{\theta}_1^c$ 计算目标 y_t^a

　End For

21　　For $t=T$ down to 1 do
22　　　$\Delta Q_t^a = y_t^a - Q(s_t^a, u)$
23　　　$\Delta\theta^c = \nabla_{\theta^c}(\Delta Q_t^a)^2$ //计算 Critic 网络梯度
24　　　$\theta_{i+1}^c = \theta_i^c - \alpha\Delta\theta^c$ //更新 Critic 网络权重
25　　　每隔 c 步更新目标 Critic 网络权重：$\hat{\theta}_1^c = \theta_1^c$
26　　End For
27　　For $t=T$ down to 1 do
28　　　$A^a(s_t^a, u) = Q(s_t^a, u) - \sum_u Q(s_t^a, u, u^{-a})\pi(u \mid h_t^a)$ //计算优势函数
29　　　$\Delta\theta^\pi = \Delta\theta^\pi + \nabla_{\theta^\pi} \ln \pi(u \mid h_t^a) A^a(s_t^a, u)$ //计算 Actor 网络梯度
30　　End For
31　　$\theta_{i+1}^\pi = \theta_i^\pi + \alpha\Delta\theta^\pi$ //更新 Actor 网络权重
32　End For

第 9 行：多个智能体采用参数共享的 Actor 网络，每个智能体采用 h_t^a 来传递历史信息对当前动作的影响。Actor 网络是一个包含 128 位的门控循环单元(gated recurrent units，GRUs)组成的神经网络，采用全连接层处理输入和从隐态 h_a^t 计算输出值。

第 10 行：各个动作的概率 $P(u)$ 由 Actor 网络最终层 z 输出为智能体的动作策略 $\pi(h_t^a, \varepsilon(e))$ 确定：

$$P(u)=(1-\varepsilon)\mathrm{softmax}(z)_u + \varepsilon / |U|$$

其中，$|U|$ 为动作数；在局数(episodes)增加至 750 的训练过程中，ε 从 0.5 线性地减小至 0.02。

第 14 行：将此局对战数据加入缓存 buffer，每一局对战数据包括下面的信息：

$$[s_1,(o_1^{a_1},o_1^{a_2},\cdots,o_1^{a_n}),(u_1^{a_1},u_1^{a_2},\cdots,u_1^{a_n}),r_1]$$
$$[s_2,(o_2^{a_1},o_2^{a_2},\cdots,o_2^{a_n}),(u_2^{a_1},u_2^{a_2},\cdots,u_2^{a_n}),r_2]$$
$$\vdots$$
$$[s_T,(o_T^{a_1},o_T^{a_2},\cdots,o_T^{a_n}),(u_T^{a_1},u_T^{a_2},\cdots,u_T^{a_n}),r_T]$$

其中，$u_t^{a_i}$ 表示时刻 $t(x=1, 2, \cdots, T)$ 第 i 个智能体采取的动作，其对应的局部状态为 $o_t^{a_i}$。

第 24 行：采用梯度下降法，将 Critic 网络输出的误差最小化。

第 28 行：$Q(s_t^a,u,u^{-a}))$ 表示针对智能体 a 的每个动作，目标 Critic 网络 $\hat{\theta}_1^c$ 输出该动作的反事实基线 Q 值估计。

第 31 行：采用梯度上升法，使得智能体 a 的优势函数最大化。

算法参数选择见表 4.1。

表 4.1 算法参数选择

参数名称	值	说明
BatchSize	30	批量大小
n	3、5 等	对战场景中智能体数量
c	150	目标 Critic 网络参数更新间隔
α	0.0005	学习速率
λ	0.8	通过实验得出
γ	0.99	奖励折扣因子
Actor 网络	128bit GRU	
Critic 网络	多层感知器网络	采用 ReLU 激活

4.3 实验设计与结果分析

1. 基准平台建立

通过将智能体的视野范围限制等于其攻击范围，引入重要的局部可观性。这意味着智能体只能攻击在其攻击区域内的敌人，不采用《星际争霸》提供的如攻击-移动(attack-move)等宏动作。攻击-移动宏动作是指当智能体攻击不在其攻击范围内的敌人时会自动采用内置的路径规划器移动至可攻击范围，这种宏动作使智能体的控制问题变得更加简单。智能体不能区分死亡和在视野外的敌人，导致可能无动作可执行。这将增加动作空间的平均值，并且导致探索和控制的难度增加。在以上条件下，那些尽管只有很少智能体对抗的场景也变得更加难以解决。如表 4.2 所示，在地图 M5 vs M5 中，heur. 算法在基于全局视野时的胜率是 98%，而在基于局部视野时的胜率是 66%。在新的基准中，每个智能体必须学会走位配合，同时记住敌人和我方智能体的生死和是否在视野内等信息。

表 4.2　算法性能比较胜率　（单位：%）

地图	基于局部视野的算法						基于全局视野和中心控制的算法		
	heur.	IAC-V	IAC-Q	Central-V	Central-QV	COMA	heur.	DQN	GMEZO
M3 vs M3	35	47	56	83	83	87	74	—	—
M5 vs M5	66	63	58	67	71	81	98	99	100
W5 vs W5	70	18	57	65	76	82	82	70	74
D2+ZL3 vs D2+ZL3	63	27	19	36	39	47	68	61	90

2. 主要结果及对比

COMA 的实验主要集中在小规模战斗场景，最大的场景每方也只有 5 个智能体。实验设计时双方都采用相同的兵力配置，其中地图 M3 vs M3 表示双方都有 3 个枪兵，M5 vs M5 表示双方都有 5 个枪兵，W5 vs W5 表示双方都有 5 个隐形飞机，D2+ZL3 vs D2+ZL3 表示双方都有 2 个龙骑和 3 个狂徒，胜率结果见表 4.2。下面对表 4.2 中涉及的几种算法解释如下：

(1) heur.：一种简单的手工编码的启发式方法，控制智能体向前跑到射程中，然后集中火力，依次攻击每个敌人，直到其死亡。

(2) IAC-V：每个智能体拥有独立的 AC 框架，共享 Actor 网络参数，输出一个单独的状态-值，Critic 网络采用 TD 误差更新。

(3) IAC-Q：每个智能体拥有独立的 AC 框架，共享 Actor 网络参数，输出 $|U|$ 个 Q 值，Critic 网络采用优势函数更新。

(4) Central-V：集中式 Critic 网络，网络采用 TD 误差学习状态-值函数。

(5) Central-QV：集中式 Critic 网络同时学习 Q 值和状态-值函数，优势函数采用 $A(s,u)=Q(s,u)-V(s)$，采用 TD 误差进行学习。

(6) DQN[45]：在完全可观环境中采用 DQN 方法的基准。

(7) GMEZO[45]：一种基于完全可观环境的深度强化学习的方法，基于零阶优化器，与传统的强化学习方法相比具有令人印象深刻的结果，使用了攻击–移动宏动作。

4.4 小　结

在小规模战斗场景中，COMA 策略梯度算法基于局部视野也能达到一些基于全局视野的算法的性能。下一步将扩展 COMA 策略梯度算法至大规模多智能体对抗场景。此时，集中式 Critic 网络将更加难以训练，同时多智能体的动作探索也更加难以协调。分解的联合值函数方法为解决智能体数量的扩展性问题提供了研究方向[46]。

思 考 题

(1) 为什么 COMA 策略梯度算法只适用于处理很少数量的多智能体即时策略对抗？

(2) COMA 策略梯度算法作为一种基于局部视野的算法有哪些优势？

第5章　共享参数多智能体策略下降Sarsa(λ)算法

本章将《星际争霸》微观管理形式化为一个多智能体强化学习模型，采用一种共享参数多智能体策略下降Sarsa(λ)(PS-MAGDS)算法训练模型，并且设计奖励计算函数以加快训练过程[21]。学习策略网络在智能体间共享可以鼓励智能体间相互合作，奖励函数可以帮助智能体平衡移动动作和攻击动作。此外，采用迁移学习的方法将模型扩展到更加复杂的场景，可以加快训练过程，同时改善模型性能。在小规模对抗场景中，训练的模型可以以100%的胜率击败《星际争霸》内置游戏 AI。在大规模对抗场景中，迁移学习方法用于逐步训练一组难度增加的场景，其训练效果也优于一些基线方法。

在此模型中，所有智能体共享一个策略网络。在训练时，将每个智能体的状态转换过程(s_t,a_t,r_t,s_{t+1})等信息输入策略网络中进行学习，输出每个动作的Q值(选择概率)；每个智能体采用ε贪婪策略选择动作，进行动作利用和探索。策略网络采用一个三层的全连接前馈神经网络作为函数逼近器来估计动作-值函数，网络参数采用PS-MAGDS算法进行训练，如图5.1所示。

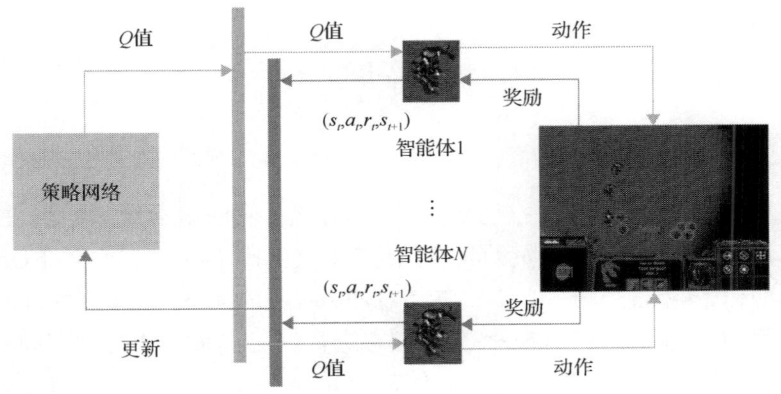

图5.1　PS-MAGDS算法训练示意图

5.1 算法架构

PS-MAGDS 算法架构如图 5.2 所示。

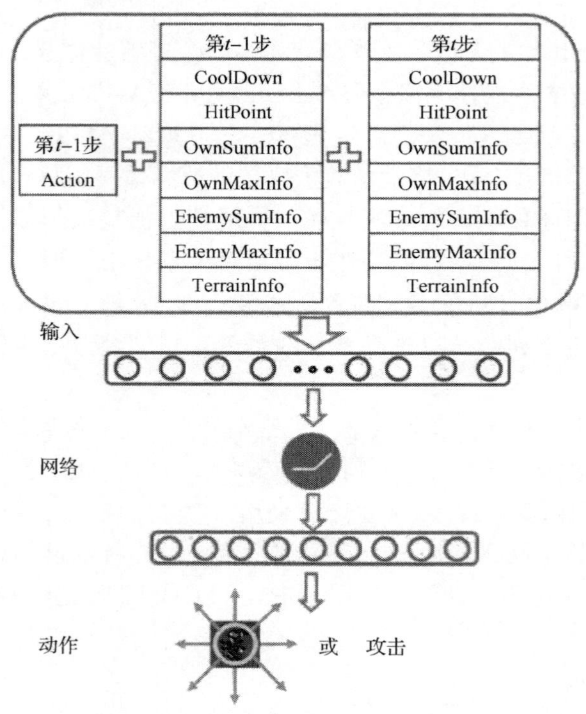

图 5.2　PS-MAGDS 算法架构

1. 输入与输出

《星际争霸》中的状态描述仍然是一个开放问题，缺乏统一的解决方案。本章算法输入选择 93 维向量的状态描述，其中包括 $t-1$ 时刻的 9 维 One-Hot 编码的动作、$t-1$ 时刻的 42 维状态信息和 t 时刻的 42 维状态信息。One-Hot 编码采用 N 位状态寄存器来对 N 个状态进行编码，每个状态都有独立的寄存器位，并且在任意时候只有一位有效。One-Hot 编码是分类变量作为二进制向量的表示，要求将分类值映射到整数值，整数值被表示为二进制向量，除了整数的索引位被标记为 1 之外，其他位都标记为 0。如类别 1、2、3，对应的 One-Hot 编码分别为[1,0,0]、[0,1,0]、[0,0,1]。

状态信息由智能体自身状态和不同方向智能体或障碍物的统计信息组成。状态描述方法与对抗中的智能体个数无关。其中所有的实数类型的状态采用其最大值进行归一化。以智能体为中心平均划分为 8 个方向，计算每个方向上的距离统计信息，如表 5.1 所示。

表 5.1　状态信息

输入	CoolDown	HitPoint	OwnSumInfo	OwnMaxInfo	EnemySumInfo	EnemyMaxInfo	TerrainInfo	Action
类型	实数	实数	实数	实数	实数	实数	实数	类别数
维数	1	1	1	8	8	8	8	9

对表 5.1 中输入的状态解释如下：

(1) CoolDown：到下次攻击时武器的冷却时间；

(2) HitPoint：智能体的生命值；

(3) OwnSumInfo：每个区域内我方智能体距离之和；

(4) OwnMaxInfo：每个区域内我方智能体距离最大值；

(5) EnemySumInfo：每个区域内敌方智能体距离之和；

(6) EnemyMaxInfo：每个区域内敌方智能体距离最大值；

(7) TerrainInfo：8 个方向上的地形(障碍物)信息；

(8) Action：9 维向量，包括 8 个方向的移动动作和 1 个攻击动作，采用 one-hot 编码。

每个智能体到当前智能体距离计算公式如下：

$$\text{dis\_unit}(d)=\begin{cases}0.05, & d>D\\ 1-0.95(d/D), & d\leqslant D\end{cases}$$

其中，d 为其他智能体到当前智能体的距离；D 为当前智能体的视距。

TerrainInfo 在某个方向上的地形距离信息计算公式如下：

$$\text{dis\_terrain}(d_t)=\begin{cases}0, & d_t>D\\ 1-d_t/D_t, & d_t\leqslant D_t\end{cases}$$

其中，d_t 为障碍物到当前智能体的距离；D_t 为当前智能体的视距。

算法输出为每个动作的概率。为简化行动空间，定义了 8 个移动动作和 1 个攻击动作。动作空间为

$$\text{Action space} = \left\{ \begin{array}{l} \text{Up, Down, Left, Right, Upper - left, Upper - right,} \\ \text{Lower - left, Lower - right, attack} \end{array} \right\}$$

如果选择了任意一个方向动作，则在此方向移动一定的距离。如果选择了攻击动作，则智能体保持原位，攻击其武器攻击范围内生命值最少的敌方智能体。

2. 网络结构

采用三层全连接前向网络，输入层为 93 维向量，隐含层为 100 个神经元，采用 ReLU 作为激活函数；输出为 9 个神经元，给出每个动作的选择概率。

3. 学习算法

算法 5.1 PS-MAGDS 算法

初始化策略网络参数 θ

Repeat（对每一局）：

  $e_0 = 0$

  初始化 s_t、a_t

  Repeat（对每一局的每一步）：

    Repeat（对每个智能体）：

      采取动作 a_t，接受奖励 r_{t+1}，下一个状态 s_{t+1}

      采用 ε 贪婪策略从 s_{t+1} 中选择 a_{t+1}

      If random(0,1) $< \varepsilon$

        $a_{t+1} = \text{randint}(N)$

      Else

        $a_{t+1} = \arg\max_a Q(s_{t+1}, a; \theta_t)$

    Repeat（对每个智能体）：

      更新 TD 误差，权重参数和效用追踪

$\delta_t = r_{t+1} + \gamma Q(s_{t+1}, a_{t+1}; \theta_t) - Q(s_t, a_t; \theta_t)$

$\theta_{t+1} = \theta_t + \alpha \delta_t e_t$

$e_{t+1} = \gamma \lambda e_t + \nabla_{\theta_t+1} Q(s_{t+1}, a_{t+1}; \theta_{t+1})$

$t \leftarrow t+1$

直到 s_t 终止

1)梯度下降学习更新方法

只需要训练一个网络，将为每个智能体输出不同的动作。因为每个智能体有自己不同的观测状态和行动。使用梯度下降学习更新方法训练 Sarsa(λ)强化学习模型。

梯度下降学习更新方法如下：

$$\begin{aligned} &\delta_t = r_{t+1} + \gamma Q(s_{t+1}, a_{t+1}; \theta_t) - Q(s_t, a_t; \theta_t) \\ &\theta_{t+1} = \theta_t + \alpha \delta_t e_t \\ &e_t = \gamma \lambda e_{t-1} + \nabla_{\theta_t} Q(s_t, a_t; \theta_t), \quad e_0 = 0 \end{aligned}$$

其中，δ_t 是 TD 误差；r_{t+1} 是 $t+1$ 时刻的奖励；γ 是奖励折扣因子；α 是学习速率；e_t 是 t 时刻的效用追踪，随着状态-动作对被选择的次数而改变。

2)奖励计算方法

每个智能体在 t 时刻的奖励由主要奖励 r_{main} 和额外奖励 r_{extra} 两部分组成。实验结果表明，额外奖励可以加速训练过程，对学习性能有显著影响。

主要奖励 r_{main} 定义为

$$\begin{aligned} r_{\text{main}} = &(\text{damage\_amount}_t \times \text{damage\_factor} \\ &- \rho(\text{unit\_hitpoint}_{t-1} - \text{unit\_hitpoint}_t)) / 10 \end{aligned}$$

其中，damage_amount_t 是我方智能体攻击造成的伤害值；damage_factor 是我方智能体的伤害因子，这两个值来自《星际争霸》访问接口 BWAPI 中智能体的相关属性和状态值。$\text{damage\_amount}_t \times \text{damage\_factor}$ 是指我方智能体对敌方所造成的生命减少值。智能体 unit_hitpoint_t 是我方单元的生命值。最后除以 10 将奖励规范化到一个更加合理的范围。

$$\rho=\sum_{i=1}^{H}\text{enemy\_hitpoint}_i \bigg/ \sum_{j=1}^{N}\text{unit\_hitpoint}_j$$

其中，ρ 是正则化因子，将平衡我方智能体和敌方智能体的总生命值；enemy_hitpoint_i 为敌方智能体 i 的生命值；unit_hitpoint_j 为我方智能体 j 的生命值；H 是敌方智能体的数量；N 为我方智能体的数量。这个正则化因子在不同数量和类型智能体的《星际争霸》微观管理中是必要的，因为如果没有适当的正则化，策略网络将难以收敛，我方智能体需要更多的对战才能学习到有用的行为。

额外奖励 r_{extra} 的计算方法如下：

(1) 如果我方智能体死亡，则 $r_{\text{extra}}=-10$；

(2) 为鼓励我方智能体协同，如果我方智能体在移动的方向上没有我方其他智能体或敌方智能体，则 $r_{\text{extra}}=-0.5$，否则 $r_{\text{extra}}=0$。

5.2 训练方法

1. 参数取值

算法参数取值 α=0.001，λ=0.8，γ=0.9。每一局的最大步数为 1000，BWAPI 的 gameSpeed=0 表示 FPS (frame per second) 为最大速度。

2. 动作探索策略

在训练时采用 ε 贪婪方法选择动作 a，计算公式如下：

$$a=\begin{cases}\text{randint}(N), & \text{random}(0,1)<\varepsilon \\ \arg\max_a Q(s,a), & \text{其他}\end{cases}$$

其中，N=9；ε 初始化为 0.5，随局部的增加而减小：

$$\varepsilon=0.5/\sqrt{1+\text{episode\_num}}$$

其中，episode_num 为当前对战局数。

3. 跳帧策略

针对实时策略游戏，对游戏的每一帧都去决策行动是不切实际的。常用的方法是采用跳帧(frame skip)技术，每隔固定的帧进行训练。较小的跳帧参数会导致训练数据中引入相关性强的序关系，而较大的跳帧参数将减少有效的训练样本。最终选择设置跳帧参数为 10，表明每个智能体每跳过 10 帧采取一个动作。

4. 课程迁移学习

在《星际争霸》微观管理中，存在许多不同的场景，每个场景有不同的智能体类型、数量、地形条件等，在每种场景下对模型从头开始训练将耗费大量的时间。迁移学习可以将领域知识从源任务迁移到目标任务。在强化学习中可以通过相同模型结构中的模型参数的方式进行迁移学习。在本章的实验中，首先采用强化学习方法在源场景中进行训练，然后将训练好的模型作为起点在其他目标场景下继续训练。课程学习是一种特殊的迁移学习方法。在课程学习中引入一系列难度增加的任务，初始的任务用于指导学习器使得其在最终任务上表现得更好。

课程迁移学习将课程学习和迁移学习进行结合，能够帮助加快学习收敛的过程，拥有更好的性能。在《星际争霸》微观管理中，智能体先学会解决简单的场景，然后在此知识(模型参数)的基础上解决复杂战斗场景。通过改变智能体的类型和数量，可以控制微观管理的难度级别。通过这种方式，采用课程迁移学习方法可以在一系列难度升高的场景下训练模型，最终解决复杂的目标场景，如图 5.3 所示。

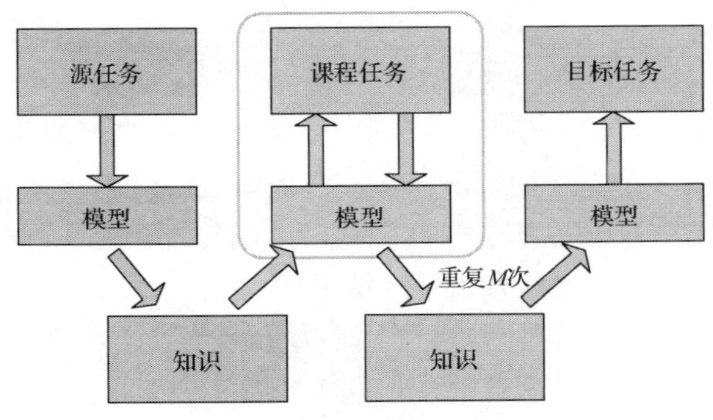

图 5.3　课程迁移学习

在大规模微观管理中，采用课程迁移学习方法训练多智能体，其中课程 1、课程 2 和课程 3 为难度增加的三个课程，学习完以后将在目标场景测试训练完成的模型，如表 5.2 所示。

表 5.2　课程迁移学习设计

课程 1	课程 2	课程 3	目标场景
M5 vs Z6	M8 vs Z10	M8 vs Z12	M10 vs Z13
M10 vs Z12	M15 vs Z20	M20 vs Z25	M20 vs Z30

5.3　实验设计与结果分析

1. 胜率

在实验中敌人是采用硬编码的《星际争霸》内置游戏 AI。当任一方智能体被消灭或者达到最大的时间步数则一局游戏结束。游戏新手在这些场景下打不过游戏内置 AI，白金级选手(platinum-level player)的胜率也低于 50%。

在小规模的对战中，训练好的模型能达到 100%的胜率。

在大规模的对战中，通过课程迁移学习以后，在目标场景下的胜率以及与其他基线算法比较结果如表 5.3 所示。

表 5.3　PS-MAGDS 及其他基线算法胜率　　(单位：%)

目标场景	weakest	closest	GMEZO	BiCNet	PS-MAGDS
M10 vs Z13	23	41	57	64	97
M20 vs Z30	0	87	88.2	100	92.4

对表 5.3 中的其他基线方法解释如下：

(1) weakest：一种基于规则的算法，智能体攻击最弱的敌方智能体；

(2) closest：一种基于规则的算法，智能体攻击最近的敌方智能体；

(3) GMEZO[45]：一种基于深度强化学习的算法，基于零阶优化器，与传统的强化学习方法相比具有较好的结果；

(4) BiCNet[18]：一种基于深度强化学习的算法，基于 AC 框架，在大多数《星际争霸》微观管理场景中拥有最佳性能。

在某些场景下训练好的模型，测试其在未经训练的场景下的性能，验证模型的泛化能力，PS-MAGDS 算法也有较好的性能，如表 5.4 所示。

表 5.4　PS-MAGDS 算法的泛化性能

经过训练的场景	未训练过的测试场景	胜率/%
M10 vs Z13	M5 vs Z6	80.5
	M8 vs Z10	95
	M8 vs Z12	85
	M10 vs Z15	81
M20 vs Z30	M10 vs Z12	99.4
	M15 vs Z20	98.2
	M20 vs Z25	99.8
	M40 vs Z60	80.5

2. 可观测的智能群体对抗策略

(1)分割消灭敌人(disperse enemies)：在以少对多的场景中，我方智能体通过学习已经学会了将敌人分割各个消灭的战术。

(2)队形保持(keep the team)：在大规模微观管理场景中，我方智能体通过学习已经学会队形保持的策略，形成一个特定队形的团队，共同进退，攻击相同的敌人。

(3)边打边撤：该策略是在《星际争霸》中使用最广的策略，我方智能体通过学习已经学会了单智能体和多智能体团队的边打边撤策略。

5.4　小　结

PS-MAGDS 算法通过共享参数的方式，可以训练同类型的多个智能体进行协同作战，并且具有较好的泛化能力，通过课程迁移学习的方式加速了训练收敛的过程。该算法还具有以下局限性：只能训练同类型的地面智能体，不能训练多类型兵种混合团队。为解决延迟奖励问题，PS-MAGDS 算法采用的是一种简单、直接和有效的奖励设计方法，然而采用该奖励函数训练模型还存在一些问题，例如在训练中，某些智能体还存在只移动而不加入战斗或移动至地图边缘躲避敌人等倾向。未来考虑采用分层强化学习解决稀疏和延迟奖励问题将更加有效。与奖励设计方法相比，分层强化学习将具有学习时间抽象的探索能力，并且赋予智能体更多的灵活性。

思　考　题

(1) 共享参数方法的优势和劣势有哪些？

(2) 课程迁移学习方法能解决什么问题？

第 6 章　进化策略算法

本章采用进化策略(evolution strategies)优化智能体微观管理策略网络的权重。进化策略是一种轻量级、可扩展、无需梯度的优化技术[47]，是 TorchCraftAI 在微观训练中采用的主要方法。TorchCraftAI 是 2018 年 11 月由 Facebook 开源的一个平台，支持用户构建智能程序玩《星际争霸》。TorchCraftAI 包括：

(1) 用于构建《星际争霸》智能程序的模块化框架，其中的模块可以被修改、替换成其他模块或机器学习/强化学习模型；

(2) CherryPi：一个玩《星际争霸》完整游戏的智能程序(获得 SSCAIT 2017/18 比赛第一名，以及 AIIDE 2018 比赛第二名)；

(3) 支持完整游戏、迷你游戏，具备模型和训练循环的强化学习环境；

(4) TorchCraft 支持与《星际争霸》和 BWAPI 的 TCP 通信；

(5) 支持 Linux、Windows 和 macOS X 系统。

6.1　进 化 策 略

进化策略算法与策略梯度不同，策略梯度是在动作上添加噪声进行探索，不同的动作带来不同的奖励，通过奖励的大小来计算梯度，再反向传递梯度，更新策略网络的权重；进化策略算法是直接扰动神经网络权重参数，不同的权重参数带来不同的奖励，通过奖励大小对应的权重按照一定的比例更新策略网络的权重，进化策略算法一般采用并行计算方法，同时通过探索加快训练学习过程，如图 6.1 所示。

相比于强化学习算法，进化策略算法具有以下优势：

(1) 不需要反向传播。进化策略只需要策略的前向传递，不需要反向传播(或价值函数评估)，这使得代码更短，在实践中速度快了 2～3 倍。在内存有限的系统中，既不需要保留对局的记录从而进行后续的更新，也不需要担心 RNN 中的梯度爆炸问题。最后，能够探索更大类别的策略函数，包括不可微分的网络(如二值网络)，或者包括复杂模块的网络。

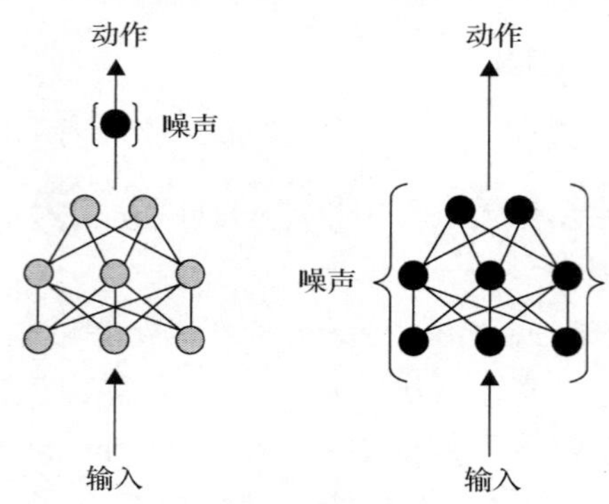

图 6.1　动作空间噪声与参数空间噪声比较图

(2) 高度可并行。进化策略只需要工作器彼此之间进行少量纯标量的通信，而在强化学习中需要同步整个参数向量(可能会是百万数值的)。直观来看，这是因为在每个工作器(worker)上控制随机种子，所以每个工作器能够本地重建其他工作器的微扰(perturbations)。实验结果表明，以千为单位增加 CPU 进行优化时可线性加速收敛。

(3) 高度鲁棒性。在强化学习实现中难以设置的数个超参数在进化策略中被回避掉了。例如，强化学习不是“标度无关(scale-free)”，所以在 ATARI 游戏中设置不同的跳帧超参数会得到非常不同的学习输出。而进化策略在任何跳帧上有同样的结果。

(4) 结构化探索。一些强化学习算法(特别是策略梯度)用随机策略进行初始化，这总是表现为在一个位置有长时间的随机跳跃。这种影响在 Q 学习方法中因为 ε 贪婪策略而有所缓和，其中的 max 运算能造成智能体暂时表现出一些一致的动作。类似于 Q 学习，进化策略也不会受这些问题的影响，因为可以使用确定性策略来实现一致的探索。

(5) 长期信用分配。通过在数学上研究进化策略和强化学习梯度估计，可以看出进化策略是一个有吸引力的选择，特别是当对局中的时间步数很大，动作具有长期效应，或者没有良好的值函数估计可用时。

算法 6.1　并行进化策略算法

```
1    输入：学习速率 α，噪声标准差 σ，初始策略参数 θ_0
2    初始化：已知随机种子的 n 个计算单元(workers)，初始化参数 θ_0
```

3　For $t=0,1,2,\cdots$ do

4　　For 对每个计算单元（$i=1,2,\cdots,n$）do

5　　　采样 $\varepsilon_i \sim N(0,I)$

6　　　计算返回值 $F_i = F(\theta_t + \sigma\varepsilon_i)$

7　　End for

8　　将每个标量 F_i 发送至其他的计算单元

9　　For 每个计算单元（$i=1,2,\cdots,n$）do

10　　　使用已知的随机种子重构所有的微小扰动 ε_j $(j=1,2,\cdots,n)$

11　　　赋值 $\theta_{t+1} \leftarrow \theta_t + \alpha\dfrac{1}{n\sigma}\sum_{j=1}^{n}F_j\varepsilon_j$

12　　End for

13　End for

基于以下的原因，进化策略算法非常适合并行计算扩展：

(1) 进化策略算法在完整的对战局上运行，使得计算单元之间不需要频繁通信。

(2) 每个计算单元之间需要共享的信息很少，主要包括对战局后返回的适应度标量 F_i 和用于生成微小扰动的随机种子，这使得工作单元之间的通信只需要很小的带宽，基于这些信息每个工作单元就能更新其策略网络参数，而基于策略梯度的算法需要在工作单元之间通信整个梯度信息。

(3) 进化策略算法不需要值函数估计。采用值函数估计的强化学习在本质上是时序的：为了改进给定的策略，通常需要对值函数进行多次更新以获得足够多的信息。每次策略有明显改变时，值函数估计都需要进行多次迭代才能进行有效估计。

实际中，每个工作单元在训练开始时实例化一大批高斯噪声来实现采样，然后通过在每次迭代中添加这些噪声变量的随机索引子集来扰乱其参数。虽然这样意味着这些微小扰动在每次迭代时不是严格意义上的独立，但是在实际中并没有发现这是个问题。使用这种策略，算法 6.1 的第 9～12 行运行占用的时间是所有实验总时间的一小部分，即时使用高达 1440 个工作单元并行计算。

为了减小方差，采用对偶采样(antithetic sampling)，或称为镜像采样(mirrored sampling)[48]：对于高斯噪声ε，总是评估一对微小扰动ε、$-\varepsilon$。同时发现在每次参数更新前采用适应度设计(fitness shaping)对适应度进行排序变换非常有用。这样做可以消除每个种群中异常工作单元的影响，并降低进化策略在训练早期陷入局部最优的趋势。此外，还可以对策略网络参数应用权重衰减(weight decay)方法，防止参数与微小扰动相比变得非常大。

进化策略方法适用于全流程对战局。在一些极端的情况下，如某些对战局时间步数比其他局较长时，可能会导致较低的 CPU 利用率。此时，可以限制所有的工作单元每次对战局的最多步数值，并且随着训练过程动态调整这个步数值，如将此值设置为每次对战局步数值的 2 倍，这样就能保证即使在最差的情况下 CPU 的利用率也能保持在 50%以上。

6.2 基于进化策略的多智能体动作策略模型

1. 输入

模型的输入考虑了地图地形特征和智能体特征。地图特征包括以下方面：

(1) 可行走性：地面智能体是否可以在这块地图方格上行走，可行走为 1，不可行走为 0；

(2) 可建造性：是否可以将建筑物放置在此地图方格上，可以建造为 1，不可建造为 0；

(3) 地面高度：《星际争霸》中的高海拔可能导致远程单位射击上坡而丢失攻击，高度值为 0、1 或 2；

(4) 战争迷雾：地图方格当前是否可见，如果没有则标记为 1，有为 0；

(5) X、Y 坐标：地图方格的(X, Y)位置。

智能体特征更加详细，包括位置、速度、生命值、护盾值、能量、范围、伤害值、伤害类型等。其中很多特征将规范化至[–1, 1]。

模型的输入由以下五部分组成(U 为我方智能体数量，E 为敌方智能体数量)：

(1) 地图特征；

(2) 我方智能体位置：为 $U\times 2$ 维张量，智能体位置描述为(y, x)；

(3) 我方智能体特征：为 $U\times F$ 维张量，F 为智能体特征维数；

(4) 敌方智能体位置：为 $E\times 2$ 维张量，智能体位置描述为 (y, x)；

(5) 敌方智能体特征：为 $E\times F$ 维张量，F 为智能体特征维数。

2. 输出

为了学习大量可能的行为，模型的输出建模为一个简单的动作空间。动作空间包括三个张量：

(1) 攻击或移动动作的概率分布；

(2) 攻击目标的概率分布；

(3) 移动目的地位置的概率分布（移动目的地位置是指以智能体为中心的 20×20 的网格区域）。

模型先采样选择执行的动作，再根据选择的结果，采样移动位置或者攻击目标。

3. 算法流程

算法设计是为了学习智能体的有效范围以及何时接近或逃离敌人：

(1) 采用一个 MLP 网络对我方和敌方智能体特征进行编码。

(2) 采用四个不同的 MLP 网络计算我方和敌方智能体的势场参数化（potential fieldparameterization）嵌入向量。嵌入头生成一个 $U\times E$ 维张量，势场被参数化为 2 个参数，因此将生成 $U\times 2$ 维张量。势场可以被认为是一个影响区域，以我方智能体为中心，并向外延伸。嵌入张量包含势场中的内容，参数化决定它应该如何作为距离的函数下降。这些参数称为核，每个核使用 2 个参数。势场的一个例子是智能体的威胁描述。空间方格的场 F 计算公式如下：

$$F(e, w_1, w_2) = e\times\begin{cases} 1, & d\leqslant w_1 \\ \dfrac{w_2 - d}{w_2 - w_1}, & w_1 < d \leqslant w_2 \\ 0, & d > w_2 \end{cases}$$

其中，d 为智能体到空间方格的距离；w_1、w_2 为内核参数化头输出的两个参数；e 为每个智能体的嵌入张量。

最终可以在所有智能体的每个 (X, Y) 坐标处生成势场总和与最大值，以创建 $H\times W\times 2E$ 维的空间势场（spatial potential field）。每个智能体的空间嵌入是智能体所在位置处的场值。

(3) 采用卷积神经网络计算移动动作分数。针对移动动作头，在智能体周围取一个 20×20 的空间势平面切片，运行一个小的 3 层卷积神经网络来生成移动动作分数。这是智能体嵌入与每个智能体的空间嵌入的具体化，称为智能体最终嵌入。

(4) 计算攻击动作分数。我方智能体 i 攻击敌方智能体 j 的动作得分由我方智能体最终嵌入、敌方智能体最终嵌入及它们的相对距离作为输入 MLP 网络的输出来确定。

(5) 采用我方智能体的最终嵌入作为神经网络输入，计算攻击和移动命令分数(概率分布)。

4. 学习算法

1) 进化策略学习方法

采用进化策略来训练上述模型。为了使训练过程更加可行，设计了奖励函数鼓励模型进行学习。通过进化策略，模型能够在不同的场景下学到有趣的行为。以下是进化策略在微观训练中的工作原理：

(1) 初始化策略网络 θ；

(2) 对于随机扰乱网络权重，采用对偶采样方法加速收敛[49]；

(3) 运行具有扰动权重的对抗战局并测量相关奖励；

(4) 对奖励值进行排序，然后将其重新映射到[–0.5, 0.5]区间均匀分布的值；

(5) 通过排名和标准化的奖励来衡量扰动；

(6) 通过扰动加权和修改网络权重。

数学上，在循环中执行以下步骤：

(1) 生成干扰向量 $\delta_i (i=1,2,\cdots,n)$，采用对偶采样技术，有 $\delta_{2i+1}=-\delta_{2i}$；

(2) 采用模型 $\theta+\sigma\delta_i$ 获取 n 次对战的奖励 r_i；

(3) 采用等级变换公式 $t(r_i)=\dfrac{\text{rank}(r_i)}{n}$，计算奖励变换；

(4) 采用 $\theta \leftarrow \theta+\alpha t(r_i)\delta_i$，其中 α 为学习速率，更新策略网络参数。

2) 奖励函数设计

每步的奖励函数 Reward 设计为

$$Reward = Win / 2 + Kills / 4 + Lives / 8 + enemyDamage / 16$$

其中，Win 在赢得此局时=1，输掉此局时=0；Kills 为敌方智能体死亡率，Kills = (initialEnemyCount – enemyCount) / initialEnemyCount，initialEnemy Count 表示初始敌方智能体数，enemyCount 表示当前敌方智能体数；Lives 为我方智能体存活率，Lives = allyCount / initialAllyCount，allyCount 表示当前我方智能体数量，initialAllyCount 表示初始时我方智能体数量；enemyDamage 为敌方智能体生命值的损失率，enemyDamage = (initialEnemyHp – enemyHp) / initialEnemyHp，initialEnemyHp 表示初始时敌方智能体的生命值(血量和护盾值之和)，enemyHp 表示当前敌方智能体的生命值。

6.3　实验设计与结果分析

实验中，敌方主要有攻击-移动(attack-move)、攻击最近(closest)和攻击最弱最近(weakest-closest)三种攻击策略。

在各种场景中采用默认参数进行训练。选择具有最高训练时间奖励的模型，在 100 次战斗中测试并记录胜率。从结果中可以看出对手策略的选择将极大地影响训练结果。兵种缩写如表 6.1 所示。

表 6.1　兵种缩写(按照首字母排序)

缩写	兵种	缩写	兵种	缩写	兵种
AR	Archon	GO	Goliath	ST	Siege_Tank_Tank_Mode
BC	Battlecruiser	HY	Hydralisk	SV	SCV
CO	Corsair	IT	Infested_Terran	UL	Ultralisk
DE	Devourer	M	Marine	VU	Vulture
DN	Drone	MU	Mutalisk	W	Wraith
D	Dragoon	PR	Probe	Z	Zergling
FI	Firebat	SC	Scout	ZL	Zealot

1. 对称场景主要实验结果

针对小规模对称对战场景，进化策略模型的胜率不高，如表 6.2 所示。具有两种类型的对战场景依赖于集火攻击其中一种类型的智能体，如表 6.3 所示。攻击最弱策略在大规模战斗中表现很差，攻击-移动策略在大多数大规模战斗中表现非常强大，如表 6.4 所示。

表 6.2 小规模对称对战胜率(双方都随机控制 3～6 个相同的智能体对战)

对战配置	weakest-closest	closest	attack-move
AR vs AR	0.41	0.50	0.50
BC vs BC	0.36	0.89	0.75
CO vs CO	0.28	0.58	0.52
DN vs DN	0.27	0.22	0.57
D vs D	0.45	0.61	0.48

表 6.3 小规模地空对称对战胜率(双方控制相同的 2～5 个地面和空中智能体对战)

对战配置	weakest-closest	closest	attack-move
AR+SC vs AR+SC	0.84	0.86	0.76
D+SC vs D+SC	0.20	0.57	0.61
GO+BC vs GO+BC	0.99	0.81	0.89
GO+W vs GO+W	0.66	0.63	0.76
HY+MU vs HY+MU	0.19	1.00	0.93

表 6.4 大规模对称对战胜率(双方都控制 30 个相同的智能体对战)

对战配置	weakest-closest	closest	attack-move
AR30 vs AR30	1.00	0.00	0.00
D30 vs D30	0.91	0.00	0.00
GO30 vs GO30	0.80	0.00	0.13
HY30 vs HY30	1.00	0.00	0.00
M30 vs M30	0.93	0.09	0.00

2. 基于编队的场景主要实验结果

智能体在对战前处于编队状态。康加线站位(conga line orientation)是指双方智能体采用直线形编队，并且 2 条直线相互垂直且相隔一定距离，我方智能体采用横向编队，敌方智能体采用纵向编队，示意图如图 6.2 所示，对战场景胜率如表 6.5 所示。包围站位(surround orientation)是指我方智能体在外围圆形弧上均匀站位，敌方智能体在内部圆形弧上随机分布站位，示意如图 6.3 所示，对战场景胜率如表 6.6 所示。

在一些场景中，进化策略算法能够采用好的集火攻击策略以获得良好的胜率，然而该算法还不能学习到编队重组战术。

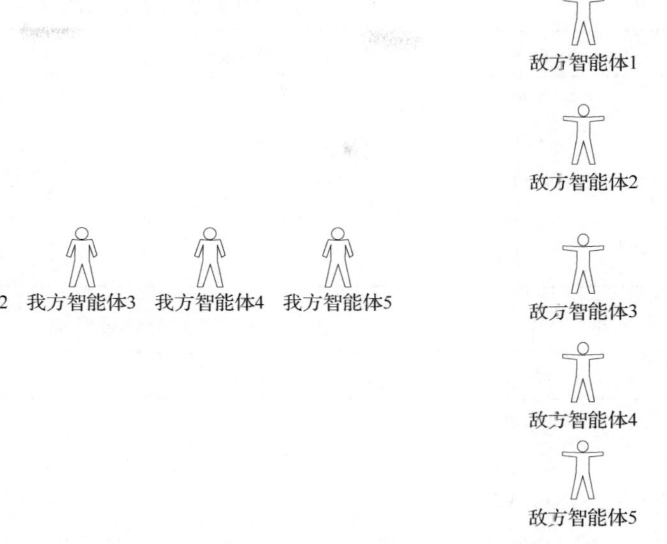

图 6.2　康加线站位示意图(默认为 5 个智能体)

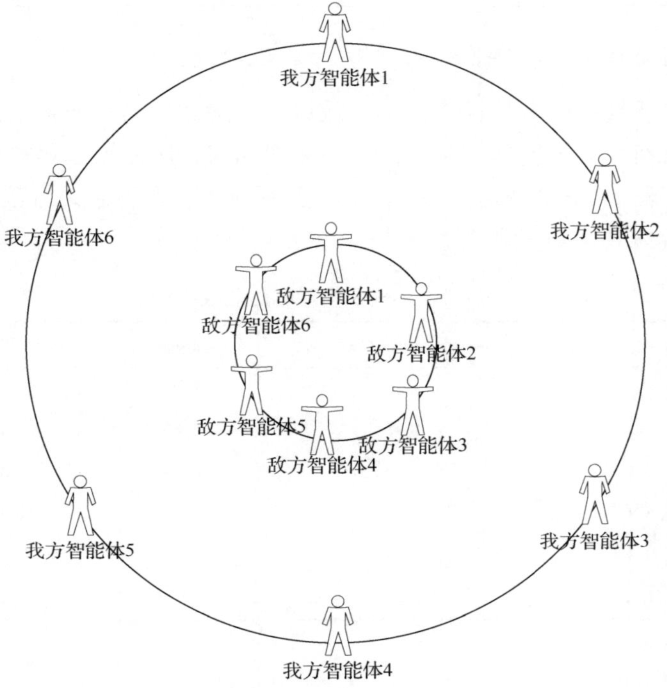

图 6.3　包围站位示意图(默认为 6 个智能体)

表 6.5　康加线站位对战场景胜率

对战配置	weakest-closest	closest	attack-move
AR5 vs AR5	0.47	0.69	0.03
D5 vs D5	0.00	0.00	0.01
PR5 vs PR5	0.74	0.01	0.88
M5 vs M5	0.29	0.43	0.69
MU5 vs MU5	0.24	0.99	0.79

表 6.6　包围站位对战场景胜率

对战配置	weakest-closest	closest	attack-move
AR5 vs AR5	0.67	0.53	0.32
D5 vs D5	0.08	0.01	0.64
SV5 vs SV5	0.22	0.01	0.28
MU5 vs MU5	0.24	0.85	0.90
PR5 vs PR5	0.06	0.01	0.52

3. 不对称场景主要实验结果

不对称场景中，多数场景依赖“放风筝”战术来击败较慢的近战对手。少数场景依赖分散智能体的操作来避免溅射伤害。小规模及较大规模不对称对战胜率如表 6.7 和表 6.8 所示。对战配置中 vs 之前为我方兵力数量和类型，vs 之后为敌方兵力数量和类型。

表 6.7　小规模不对称对战胜率

对战配置	weakest-closest	closest	attack-move
D1 vs ZL1	1.00	1.00	1.00
D1 vs Z3	0.31	0.55	0.75
GO1 vs ZL2	0.00	0.00	0.00
MU1 vs M3	0.00	0.00	0.00
ST1 vs ZL2	0.96	1.00	0.95
VU1 vs HY1	0.76	0.72	0.93

表 6.8　较大规模不对称对战胜率

对战配置	weakest-closest	closest	attack-move
M10 vs Z13	0.90	0.90	0.97
MU10 vs CO5	0.90	0.88	0.92
M15 vs M16	0.06	0.00	0.00
W15 vs W17	0.30	0.00	0.00
Z30 vs ZL10	1.00	1.00	1.00
D2+ZL3 vs D2+ZL3	0.46	0.28	0.50

6.4　小　结

进化策略算法为解决多智能体即时策略对抗问题提供了一种有别于基于梯度优化的算法，并在一些对战场景中取得了不错的胜率，但是在另外一些场景(即使是对称场景)下胜率却很低。此外，进化策略的胜率与对手采用的策略具有很强的相关性，对手采用不同的对抗策略将在很大程度上影响胜率，这说明模型的泛化性能还有待提高。

思　考　题

(1) 进化策略算法与强化学习算法相比，优势如何？

(2) 进化策略算法为什么在某些场景下效果很差？

第 7 章 《星际争霸》AI 研究环境搭建

《星际争霸》AI 研究环境主要采用 Linux 下 Python 编程实现多智能体的控制。具体来说，本节选择 Ubuntu 16.04 64 位操作系统、Python 3.5，使用 Anaconda 管理 Python 环境，采用 PyCharm 作为 Python 编程集成开发环境。在此基础上，本章提供两种不同的方式搭建《星际争霸》AI 研究环境，用户可以根据研究问题的适用程度自行选择。下面将详细介绍《星际争霸》AI 研究环境搭建过程。

7.1 Anaconda 与 PyCharm 工具

1. Anaconda 简介

Anaconda 包括 Conda、Python 以及一系列常用的工具包，如 numpy、pandas 等。Conda 是一个开源的包和环境管理器，可以用于在同一个机器上安装不同版本的软件包及其依赖，并能够在不同的环境之间切换。Python 包含 Python 2 或 Python 3。首先，下载 Anaconda 安装程序，下载网址为 https://www.anaconda.com/download/# linux。在 Ubuntu 系统中打开终端命令行窗口，执行相应命令创建 Python 环境。

(1) 建立 Python 环境。

建立环境命令：conda create -n envName python=pythonVersion，其中 envName 为环境名称，pythonVersion 为 Python 的版本号。例如建立名为 py35 的 Python 3.5 环境命令：conda create -n py35 python=3.5。

(2) 激活/关闭环境命令：source activate/deactivate envName。

(3) 采用下面的命令安装/卸载所需的包。

①Conda 模式：conda install/uninstall packageName；

②Pip 模式：pip install/uninstall packageName。

(4) 常用 Conda 命令。

①查看安装的 Python 环境：conda info -e；

②查看已安装的 Python 包：conda list；

③删除环境：conda remove -n envName -all；

④查询 Conda 信息：conda info；

⑤升级 Conda：conda update conda；

⑥升级 Anaconda：conda update anaconda。

2. PyCharm 简介

PyCharm 是由 JetBrains 打造的一款优秀 Python 集成开发环境（IDE）。PyCharm 具备主流 IDE 的常用功能，如调试、语法高亮、项目管理、代码跳转、智能提示、自动完成、单元测试、版本控制等。PyCharm 的特性如下所示：

（1）智能编码协助：为 Python 提供了一个带编码补全、代码片段、支持代码折叠和分割窗口的智能、可配置的编辑器，可帮助用户更快更轻松地完成编码工作。

（2）代码分析：用户可使用其编码语法、错误高亮、智能检测以及一键式代码快速补全建议，使得编码更优化。

（3）代码重构：在项目范围内轻松进行重命名，提取方法/超类，导入域/变量/常量，移动和前推/后退重构。

（4）项目和代码导航：项目查看，文件结构查看，在文件、类、方法间快速跳转。

（5）图形页面调试器：用户可以用其自带的功能全面的调试器对 Python 或者 Django 应用程序以及测试单元进行调整，该调试器带断点、步进、多画面视图、窗口以及评估表达式。

（6）集成单元测试：用户可以在一个文件夹运行一个测试文件、单个测试类、一种方法或者所有测试项目。

（7）Web 开发支持：使用 Django 进行特定的模板编辑，服务器从 IDE 的启动，对 HTML、CSS 和 JavaScript 编辑的支持。

（8）集成版本控制系统：支持 Subversion、Perforce、Git 等。

（9）跨平台：支持 Windows、macOS X 和 Linux 操作系统。

用户可以在网址 https://www.jetbrains.com/pycharm/download/#section=linux 下载最新 Linux 版本的 PyCharm 安装程序并进行安装。具体的安装过程可参照官方网站或者其他安装教程。

PyCharm 中的常用快捷键包括：

(1) Ctrl + Space：基本的代码完成(类、方法、属性)；

(2) Ctrl + /：行注释/取消行注释；

(3) Ctrl + Alt + L：代码格式化；

(4) Tab / Shift + Tab：缩进、不缩进当前行；

(5) Ctrl + D：复制选定的区域或行；

(6) Ctrl + Y：删除选定的行；

(7) Ctrl + Enter：插入下一行空行；

(8) Shift + Enter：另起一行；

(9) Ctrl + F：查找；

(10) Alt +鼠标左键：进入列编辑模式；

(11) Ctrl +鼠标左键：进入代码。

7.2 《星际争霸》AI 研究环境搭建方式一：Win-Linux 模式

Win-Linux 模式适用于研究我方 AI 与《星际争霸》内置游戏 AI 对抗问题。其中 Windows 端运行 BWAPI 和《星际争霸》；Linux 端运行多智能体即时策略对抗算法。强化学习环境采用 OpenAI Gym 模式进行交互。

《星际争霸》AI 研究环境架构是服务器-客户端架构。在服务器端(Windows 平台)安装《星际争霸》及其底层数据访问 API，在客户端(Linux 平台)安装 Torch、TorchCarft、TensorFlow 或 PyTorch，在此基础上编写深度强化学习算法，通过网络与服务器连接，在每次智能体动作计算完成后将控制命令发送至服务器端，服务器接收到命令后驱动《星际争霸》中的单位进行作战，同时将战场信息发送回客户端，计算行动奖励值，用于下一步智能体动作训练学习和决策制定。整个流程如图 7.1 所示。

7.2.1 Windows 服务器端安装

Windows 服务器端主要运行《星际争霸》，接收算法的控制命令，主要安装以下几个软件：

(1) StarCraft 1.1.16：在网址 https://iccup.com/en/starcraft/sc_start.html 下载对应的完整版本，解压后运行 SETUP.EXE 进行安装。

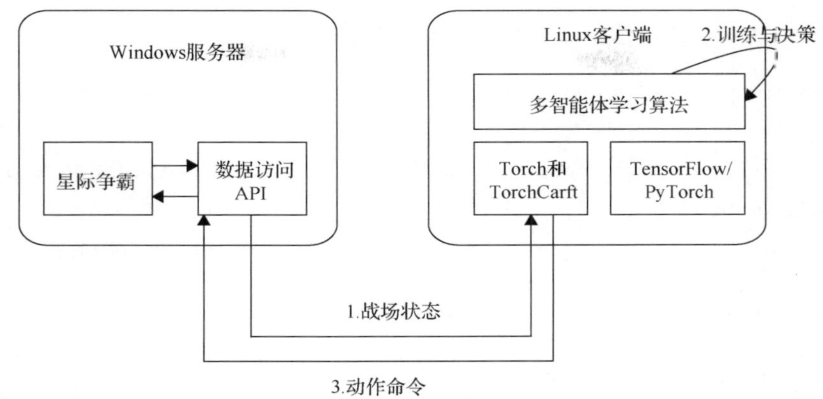

图 7.1 《星际争霸》AI 研究平台信息交互图

(2) BWAPI 4.1.2：在网址 https://github.com/bwapi/bwapi/releases 下载对应的版本，进行安装，安装过程会自动寻找 StarCraft 的安装位置。

(3) TorchCraft 1.3.0 服务器端：在网址 https://github.com/TorchCraft/TorchCraft/releases 下载对应的 ZIP 文件，进行解压。

①将 torchcraft-v1.3-0\config 下 bwapi.ini 和 torchcraft.ini 文件复制到 starcraft\bwapi-data 目录下；bwapi.ini 中可以对 AI 的相关属性进行配置，如选择对抗地图等参数。

②将 torchcraft-v1.3-0\bin 下 czmq.dll、libsodium.dll 和 libzmq.dll 文件复制至 starcraft 目录下。

③将 torchcraft-v1.3-0 下 BWEnv.dll 文件复制至 starcraft 目录下。

④将 torchcraft-v1.3-0\maps 下 micro 文件夹复制至 starcraft/maps/BroodWar 目录下。

⑤以管理员身份运行 Chaoslauncher.exe，StarCraft 会一直停留在等待界面，等待游戏 AI 的加入。需要注意的是，需要解除防火墙对《星际争霸》网络访问权限的限制。

7.2.2 Linux 客户端安装

本节主要研究多智能体对抗策略的算法。首先在 Ubuntu 16.04 中打开命令行终端：source activate py35，激活 Python 3.5 环境。

(1) 安装 numpy: pip install numpy==1.14。

(2) 安装 OpenAI Gym：pip install gym。

(3) 安装 Torch，激活 Torch，安装命令如下：

```
sudo apt-get install curl
curl -s
https://raw.githubusercontent.com/torch/ezinstall/master/ins
tall-deps | bash
git clone https://github.com/torch/distro.git ~/torch
--recursive
cd ~/torch; ./install.sh
```

在 home 目录运行以下命令激活 Torch，此命令可加入到. bashrc，每次系统启动都自动激活：

```
./torch/install/bin/torch-activate
```

检查.bashrc 文件中是否有下面的配置信息：

```
export
LD_LIBRARY_PATH=/path/to/torch/pkg/torch/lib:$LD_LIBRARY_PATH
export
LD_LIBRARY_PATH=/path/to/torch/install/include:$LD_LIBRARY_PATH
```

注意：如果报错缺少 Readline.h，安装 libreadline-dev：

```
sudo apt-get install libreadline-dev
```

(4) 安装 TorchCraft 及其 Python 接口。

在网址 https://github.com/TorchCraft/TorchCraft/releases，下载 v1.3-0 tar.gz 源码，解压，进入目录，运行以下命令安装：

```
cd py
pip install -e.
```

如果报 zstd.h 错误，运行以下命令安装：

```
wget https://github.com/facebook/zstd/archive/v1.3.1.tar.gz
tar -xzvf v1.3.1.tar.gz
cd zstd-1.3.1
sudo make install
sudo ldconfig
```

如果报 zmq.h 错误，运行以下命令安装：

```
sudo add-apt-repository ppa:chris-lea/zeromq
sudo apt-get update
sudo apt-get install libzmq3-dev
```

(5) 安装 TensorFlow 1.8，支持深度学习算法：

```
pip install tensorflow==1.8
```

(6) 安装 tqdm：

```
pip install tqdm
```

7.2.3 运行示例代码测试环境安装的正确性

(1) 关闭 Windows 防火墙或允许《星际争霸》访问防火墙。

(2) 选择地图，如地图 M5 vs M5，如图 7.2 所示。

```
; The filename(NOT the path) can also contain wildcards, example: maps/(?)*.sc?
; A ? is a wildcard for a single character and * is a wildcard for a string of characters
;map = maps/(?)*.sc?
map = maps/test/m5v5_c_far.scm
```

图 7.2 地图选择界面

(3) 以管理员身份运行 Chaoslauncher.exe，单击 Start 按钮，启动《星际争霸》，如图 7.3 所示。

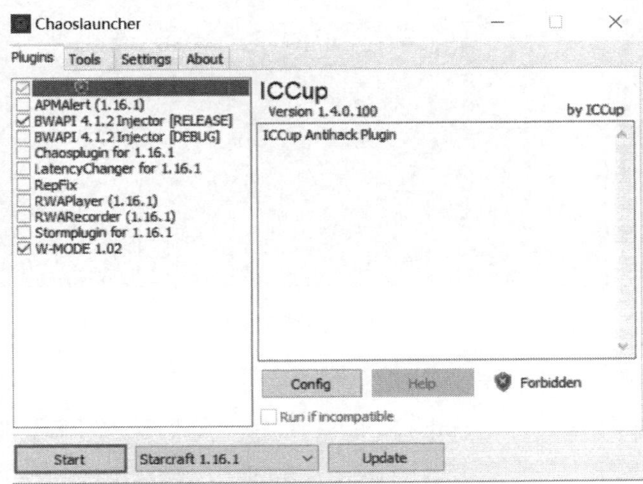

图 7.3 Chaoslauncher 游戏启动界面

(4) 在 Ubuntu 16.04 中解压 starcraft-ai-rule-demo.zip，进入目录，运行以下命令，如图 7.4 所示。

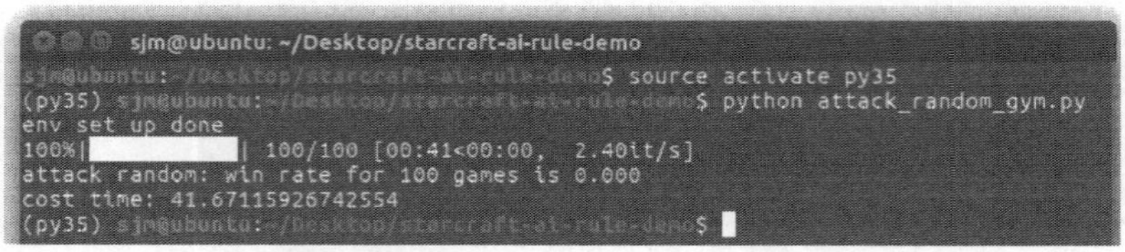

```
sjm@ubuntu: ~/Desktop/starcraft-ai-rule-demo
sjm@ubuntu:~/Desktop/starcraft-ai-rule-demo$ source activate py35
(py35) sjm@ubuntu:~/Desktop/starcraft-ai-rule-demo$ python attack_random_gym.py
env set up done
100%|██████████| 100/100 [00:41<00:00,  2.40it/s]
attack random: win rate for 100 games is 0.000
cost time: 41.67115926742554
(py35) sjm@ubuntu:~/Desktop/starcraft-ai-rule-demo$
```

图 7.4　运行对战命令

通过《星际争霸》界面观察战斗过程，统计胜率，双方对战示意图如图 7.5 所示，左侧智能体为我方控制，右侧智能体为游戏内置 AI 控制。在地图 M5 vs M5 中，敌方为游戏内置 AI。Demo 中提供了随机攻击策略、攻击最近策略、攻击最弱最近策略三种对抗策略。

图 7.5　双方对战示意图

7.3 《星际争霸》AI 研究环境搭建方式二：单 Linux 模式

单 Linux 模式适用于研究我方 AI 与游戏内置 AI、其他 AI 对抗问题，同时支持自我对抗模式。该模式基于 OpenBW，不需要安装 Windows 版的《星际争霸》，只需将其中若干 .mpq 文件复制至 TorchCraft 目录下。这也是本书之后几章实战开发所采用的环境模式。

7.3.1 基于 Linux 的环境搭建

本书主要在 Ubuntu 16.04 64 位和 Python 3.5 基础上进行安装讲解。在安装过程中确保计算机连接互联网。首先，同样激活 Python 3.5 环境。

(1) 安装所需要的库：

```
sudo apt-get update
sudo apt-get install libsdl2-dev
pip install pyyaml
pip install numpy
pip install gym
sudo apt-get install libczmq-dev
sudo apt-get install libsdl2-2.0 cmake
```

(2) 安装 TorchCraft、zstd、BWAPI、OpenBW 等库：

```
mkdir ~/starcraftEnv
cd ~/starcraftEnv
```

克隆 TorchCraft：

```
git clone https://github.com/TorchCraft/TorchCraft
cd TorchCraft && git submodule update --init -recursive
```

克隆和安装 zstd：

```
git clone https://github.com/facebook/zstd.git
cd zstd && sudo make install
sudo ldconfig
```

克隆和安装 OpenBW、BWAPI：

```
cd ~/starcraftEnv
git clone https://github.com/openbw/openbw
git clone https://github.com/openbw/bwapi
cd bwapi && mkdir build && cd build
cmake .. -DCMAKE_BUILD_TYPE=Release -DOPENBW_DIR=../../openbw-
DOPENBW_ENABLE_UI=1 -DCMAKE_INSTALL_PREFIX=~/starcraftEnv/bwapi
```

```
make install
```

编译和安装 Torchcraft：

```
cd ~/starcraftEnv/TorchCraft/BWEnv; mkdir -p build && cd build
cmake .. -DCMAKE_BUILD_TYPE=relwithdebinfo -DBWAPI_DIR=../../
bwapi/&& make-j
cd ~/starcraftEnv/TorchCraft
pip install -e.
```

(3) 把《星际争霸》目录下 BrooDat.mpq、StarDat.mpq、Patch_rt.mpq 文件复制到~/starcraftEnv/TorchCraft 目录下。

7.3.2 运行示例代码测试环境安装的正确性

运行本书提供的示例代码，可以支持随机攻击、攻击最近策略、攻击最弱策略和游戏内置策略之间相互对战。

(1) 配置相关参数：测试时可以采用默认参数，与第一种环境测试场景相似，采用地图 M5 vs M5，我方默认采用随机攻击策略，敌方采用游戏内置 AI 策略。

(2) 运行对战命令。

①激活 Python 3.5 环境：source activate py35；

②运行对战主程序：python run_rule_main.py。

(3) 通过界面可以观察对战过程，同时统计多局对战的胜率，如图 7.6 和图 7.7 所示。

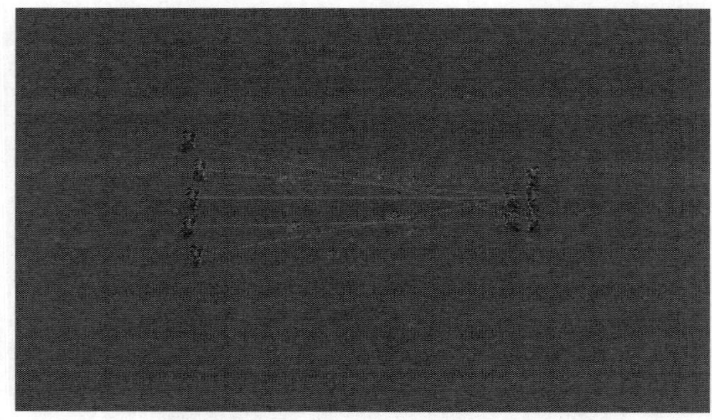

图 7.6　双方对战示意图

左侧智能体为我方控制，右侧智能体为游戏内置 AI 控制。直线为我方智能体选择攻击的敌方目标

```
run episodes: 1 , win rate:  0.0 , ours alive: 0 , enemies alive: 5
run episodes: 2 , win rate:  0.0 , ours alive: 0 , enemies alive: 4
run episodes: 3 , win rate:  0.0 , ours alive: 0 , enemies alive: 5
run episodes: 4 , win rate:  0.0 , ours alive: 0 , enemies alive: 5
run episodes: 5 , win rate:  0.0 , ours alive: 0 , enemies alive: 4
```

图 7.7 实时显示对战胜率

7.4 小 结

本章首先介绍了《星际争霸》AI 研究环境的 Python 环境管理工具 Anaconda 和集成开发工具 PyCharm；其次介绍了两种《星际争霸》AI 研究环境的搭建方法和步骤，其中第一种方法适用于支持游戏内置 AI 的对战，第二种方法适用于游戏内置 AI 和其他智能 AI 对战。本书的后续章节将分别采用这两种方法搭建环境，进行开发实战。

思 考 题

《星际争霸》AI 研究环境的两种搭建方式分别适用于研究什么问题？

第 8 章 《星际争霸》即时策略对抗 AI 开发基础

为支持强化学习算法学习研究，需要为《星际争霸》设计基于某种强化学习接口规范的对抗环境。在此基础上，通过一个最简单的多智能体对抗策略实例详细介绍其开发过程。

8.1 Gym 接口规范

OpenAI Gym 是一个用于开发和比较强化学习算法的工具包，可让用户访问标准化的学习环境。Gym 不对智能体的结构做任何假设，并且可以与 TensorFlow 或 Theano 等任何数值计算库兼容，支持 Python 接口。

强化学习有两个基本概念：环境(即外部世界)和智能体(即编写的算法)。智能体向环境发送动作，环境返回观察(observation)和动作奖励。

Gym的核心接口是统一的环境接口 Env。Env 中包括以下三个主要方法：

(1) reset(self)：重置环境的状态，返回初始观察。

(2) step(self，action)：往环境中输入智能体的动作，时间往前推进一步，返回观察、奖励、完成标识、调试信息。

①观察 observation(object)：一个与环境相关的对象描述观察到的环境状态，如相机的像素信息、机器人的角度和角速度、棋盘游戏中的棋盘状态。

②奖励 reward(float)：先前行为获得的所有回报之和，不同环境的计算方式不同，但目标一直是增加总回报。

③完成标识 done(boolean)：判断是否到了重新设定(reset)环境的时候，大多数任务分为明确定义的局，并且 done 为 True 表示此局已终止，如在双方对战时，当一方的智能体全部死亡或者达到最大步数时，done 将标记为 True。

④调试信息 info(dict)：用于调试的诊断信息。有时对学习也很有用(如可能包含在环境最后一个状态改变后的原始概率)，但对于智能体的正式评估，不允许使用该信息进行学习。

(3) render(self, mode ='human', close = False)：渲染一帧环境。默认模式下将执行人性化的操作，如弹出窗口。传递 close 关闭标志表示渲染器关闭任何此类窗口。

这是一个典型的“智能体-环境循环交互”的实现，每一个时间步，智能体选择动作，环境返回观测、奖励和完成标识，如图 8.1 所示。

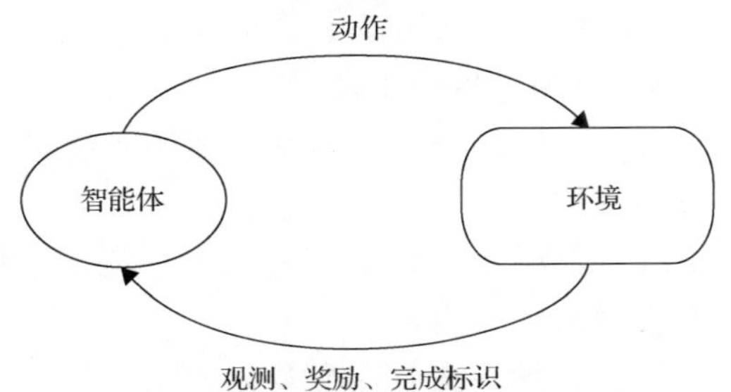

图 8.1 智能体-环境循环交互图

在 Conda 中可以用以下命令安装 OpenAI Gym：

`conda install gym` 或者 `pip install gym`

8.2 基于 Gym 接口规范的《星际争霸》对抗环境开发

1. 基于 Gym 接口规范的《星际争霸》对抗环境开发方法

《星际争霸》环境类通过继承 gym.Env 类来实现以下方法。

1) 初始化函数

初始化《星际争霸》运行参数，启动 TorchCraft 服务器监听接口，其中参数包括以下几种。

(1) server_ip：《星际争霸》服务器 IP 地址，server_port 是其端口号；

(2) speed：观看比赛的 FPS 速度，0 为最快，常用于训练算法，值越大速度越慢，游戏 FPS=1000/speed；

(3) frame_skip：跳过的帧数，表示并不是每一帧都去做动作决策，而是隔若干帧决策一次；

(4) max_episode_steps：最大的决策步数，达到此数时此局对战结束；

(5) set_gui：1 表示显示对战界面，可用于观察对战过程，0 表示不显示对战界面，用于训练算法、统计胜率等。

初始化对战场景配置参数，如每方为单一兵种时，参数包括以下几种。

(1) our_unit_type：我方对战单位类型；

(2) enemy_unit_type：敌方对战单位类型；

(3) nagents：我方对战单位数量；

(4) nenemies：敌方对战单位数量；

(5) init_range_start：对战区域左上角坐标值；

(6) init_range_end：对战区域右下角坐标值；

(7) initialize_together：True 表示我方单位初始时聚集，False 表示我方单位随机分布在对战区域内；

(8) initialize_enemy_together：True 表示敌方单位初始时聚集，False 表示敌方单位随机分布在对战区域内。

初始化对战统计变量和缓存变量，变量包括以下几种。

(1) first_reset：是否是第一次重置环境，初始时为 True，初始化连接后置为 False；

(2) episode_steps：当前对战局步数；

(3) builtin_flag：敌方是否采用游戏内置 AI；

(4) obs：环境状态；

(5) stat：保存游戏结果等信息。

2) step 函数

动作执行与环境状态获取：将智能体的动作转化为游戏控制命令发送至《星际争霸》服务器去执行，动作主要包括移动、攻击等命令；移动命令需要给定目的地坐标，攻击命令需要给定攻击目标的 ID。值得注意的是，在此需要同时构建我方和敌方智能体的动作命令。命令执行完后，接收游戏的反馈状态信息 state，主要包括我方和敌方智能体的相关信息，如所在位置、血量、类型等。

奖励值计算：根据环境反馈信息计算奖励值，奖励值可以是团队的整体奖励，也可以是每个单独智能体的奖励，这需要用户自行设计。如果只考虑对战的最终结果，如胜的奖励值为 1，负的奖励值为 –1，这是个稀疏奖励问题，不利于学习算法训练收敛。因此，很多科研人员在每步对奖励函数进行设计，以加快训练收敛。

生成完成标识 done：当对战双方任一方智能体数量为 0，或者达到最大对战步数 max_episode_steps 时，完成标识置为 True，否则为 False。

调试信息 info：用户可以自定义感兴趣的信息将其存入 info 中返回输出。

3) reset 函数

重置环境，重启游戏对战，返回环境的当前状态。主要包括以下操作：

(1) 将对战步数计数器重置为零；

(2) 如果是第一次重置，则初始化客户端至服务器的连接，将《星际争霸》配置信息发送至游戏服务器；

(3) 将此局对战中的所有智能体杀伤；

(4) 重新生成我方和敌方智能体；

(5) 重置状态缓存空间；

(6) 我方智能体客户端和敌方智能体客户端分别获取环境状态信息。

4) render (self, mode ='human', close = False) 函数

《星际争霸》AI 研究中没有使用 render 函数，无须实现。

2. 《星际争霸》接口提供的主要信息

通过制作动作命令，发送至游戏引擎，调用《星际争霸》客户端接收接口，可以获取当前时间的《星际争霸》中的相关信息，如以下代码所示：

```
cmds = self._make_commands(action)
self.client1.send(cmds)
self.state1 = self.client1.recv()
```

self.state1 中信息主要可以分为以下几类：

(1) 地图信息主要包括地图名称、大小(map_size，一般为(256，256))，地图上每个位置的高程，是否可以建造建筑，是否可见，是否可以行走等信息。

(2) 我方和敌方智能体信息主要包括活着的智能体 ID 和敌我标识；敌我智能体的详细属性信息，包括静态属性(如类型、最大的血量、攻击力、最大冷却时间等)和动态属性(如当前所在位置、当前冷却剩余时间、当前血量、速度等)。

(3) 玩家信息包括玩家 ID、种族等信息。

8.3 最简单的多智能体对抗策略实例——随机攻击

1. 《星际争霸》环境开发

本实例采用单一 Linux 方式部署的《星际争霸》AI 研究环境。敌方策略为《星际争霸》内置攻击–移动对战策略。

(1)启动 TorchCraft 服务器，初始化参数配置。初始化函数程度如下所示：

```
def __init__(self):
# 启动 torchcraft 服务器，监听端口信息
self.config_path = '/home/star/201812-class/starcraft-fight-platform/basic_demo/config.yml'
self.torchcraft_dir = '/home/star/Public/TorchCraft'
options = self.load_config_options()
self.start_torchcraft(options)
#配置《星际争霸》对战运行参数
self.server_ip = '127.0.0.1'
self.frame_skip = 3
self.speed = 30
self.set_gui = 1
self.max_episode_steps = 300
#配置缓存变量
self.first_reset = True
self.obs = None
self.state1 = None
self.state2 = None
self.episode_steps = 0
self.builtin_flag = True # builtin AI
self.stat = {}
#配置双方对战智能体相关参数
self.our_unit_type = 0
self.enemy_unit_type = 0
self.nagents = 5
```

```
self.nenemies = 5
self.init_range_start = 100
self.init_range_end = 150
self.initialize_together = True
self.initialize_enemy_together = True
self._set_units()
```

(2) step 函数实现。

step 函数输入每个智能体的动作，返回观察、奖励、完成标识和调试信息，程序如下所示。敌方智能体可以支持多种模式，如游戏内置 AI、基于知识规则的 AI 或者基于学习的 AI 等，或者采用自我对抗的方式提升智能。这依赖于用户自己的实现。

```
def step(self, action):
#对战步数加 1
self.episode_steps += 1
# 生成和执行我方智能体动作命令，获取返回信息
cmds = self._make_commands(action)
self.client1.send(cmds)
self.state1 = self.client1.recv()
# 生成和执行敌方智能体动作命令，获取返回信息
enemy_cmds = self._get_enemy_commands()
self.client2.send(enemy_cmds)
self.state2 = self.client2.recv()
# 计算返回信息
reward = self._compute_reward()
done = self._check_done()
info = self._get_info()
self.obs = self.state1
self._update_stat()
return self.obs, reward, done, info
```

以下是命令生成方法：

```
def _make_commands(self, actions):
```

```
2.  cmds = []
3.  for action in actions:
4.    cmds.append([
5.      tcc.command_unit_protected,
6.      action[0],
7.      tcc.unitcommandtypes.Attack_Unit,
8.      action[1],
9.    ])
10.   cmds.append([tcc.draw_unit_line, action[0], action[1], 111]) # 111 red line
11.   return cmds
```

第 7 行：表示这是一个攻击敌方智能体的命令，action[0]表示我方智能体 ID，action[1]表示敌方智能体 ID。

第 10 行：表示这是一个画线命令，从我方智能体 action[0]至敌方智能体 action[1] 画一条红线，标识我方智能体的攻击目标。

(3) reset 函数实现。

一局完以后，环境将调用 reset 函数，对《星际争霸》对战环境进行重置，程序如下所示：

```
def reset(self):
# 步数重置为 0
self.episode_steps = 0
# 如果为第一次重置则初始化连接
if self.first_reset:
  self.init_conn()
  self.first_reset = False
# 杀伤还活着的智能体
self.try_killing()

 c1 = []
 c2 = []
 # 重新生成新的智能体
```

```
for unit_pair in self.my_unit_pairs:
    c1 += self._get_create_units_command(self.state1.player_id, unit_pair)

for unit_pair in self.enemy_unit_pairs:
    c2 += self._get_create_units_command(self.state2.player_id, unit_pair)

self.client1.send(c1)
self.client2.send(c2)
self.state1 = self.client1.recv()
self.state2 = self.client2.recv()

while len(self.state1.units.get(self.state1.player_id, [])) == 0\
and len(self.state2.units.get(self.state2.player_id, [])) == 0: self._empty_step()
# 重置缓存变量
self.stat = {}
self.builtin_flag = True
self.obs = self.state1
return self.obs
```

2. 算法流程

算法 8.1 主程序流程

```
初始化《星际争霸》环境 Env，初始化智能程序 AI
初始化 episodes=0，win=0，max_episodes
While episodes< max_episodes:
    环境重置获得观测 obs=env.reset()
    初始化完成标识 done=False
    While not done:
```

```
        初始化 actions=[]
        For i=1,⋯,n do
          action=AI.act(obs[i])  //将智能体 i 的观测输入至智能程序
                                   AI，返回动作 action
            将 action 加入 actions
            将 actions 传入环境 step 函数：obs, reward, done, info =
            env.step(actions)
        End for
      episodes+=1
      If 我方获胜，win+=1
  输出胜率 win_rate=win/ episodes
```

3．实现代码详解

(1)主程序实现。程序如下所示：

```
if __name__ == '__main__':

  agent = None
  agent_type = 'random' # random,closest,weakest_nearest

  if agent_type == 'random':
    agent = AttackRandomEnemy()
  elif agent_type == 'closest':
    agent = AttackClosestEnemy()
  elif agent_type == 'weakest_nearest':
    agent = AttackWeakestNearestEnemy()

  if agent is None:
      print('error: you should select a agent AI type in [random, closest, weakest_nearest]..')
    sys.exit()

```

```
env = StarCraftRuleBasedEnv()
episodes = 0
win = 0
while episodes < 200:
  obs = env.reset()
  done = False
  while not done:

    our_play_id = env.state1.player_id
    enemy_play_id = env.state2.player_id
    actions = agent.act(obs, our_play_id, enemy_play_id)
    obs, reward, done, info = env.step(actions)

  win += env.stat['success']
  episodes += 1
  state1 = info['state1']
  state2 = info['state2']
  print('run episodes:', episodes, ", win rate: ", round(win / episodes, 3), ", ours alive:",
      len(state1.units[state1.player_id]), ", enemies alive:", len(state2.units[state2.player_id]))

  env.close()
```

(2) 随机攻击策略算法实现。

每次决策时，我方智能体总是随机选择敌方智能体进行攻击。随机攻击策略程序如下所示：

```
class AttackRandomEnemy(object):

 def act(self, obs, our_play_id, enemy_play_id):
   our_agents = obs.units[our_play_id]
   actions = []
   for i in range(len(our_agents)):
     action = self.act_one_action(i, obs, our_play_id, enemy_
```

```
play_id)
            actions.append(action)
        return actions

    def act_one_action(self, i, obs, our_play_id, enemy_play_id):
        agent = obs.units[our_play_id][i]
        enemy_agents = obs.units[enemy_play_id]
        myagent_id = agent.id
        rd = random.randint(0, len(enemy_agents) - 1)
        atk_enemy_id = enemy_agents[rd].id
        return [myagent_id, atk_enemy_id]
```

(3)敌方策略命令生成。

敌方的攻击-移动策略由游戏内置策略提供，其目标为一处位置，敌方智能体将对目标位置发起进攻，攻击途中遇到我方智能体。敌方策略命令生成程序如下所示：

```
def _get_enemy_commands(self):
    cmds = []
    if self.builtin_flag:
        for unit in self.state2.units[self.state2.player_id]:
            cmds.append([
                tcc.command_unit_protected, unit.id,
                tcc.unitcommandtypes.Attack_Move, -1, 100, 125
            ])

        self.builtin_flag = False
    return cmds
```

(4)运行结果。

此实例选择的场景是地图 M5 vs M5，敌方是游戏内置 AI 的攻击-移动策略，经过 200 局对战，胜率为 0，每局不能杀伤任何一个敌方智能体，说明随机攻击策略很差，程序运行过程结果显示如图 8.2 所示。图 8.3 和图 8.4 是对战的过程界面，通过此界面用户可以清楚地观测到每一次对战的细节过程，观察智能体是否学习到了某些微观管理技巧。

图 8.2 运行过程结果

图 8.3 双方对战界面(一)

左侧为我方智能体，右侧为敌方智能体，直线表示我方智能体选择的攻击目标

图 8.4 双方对战界面(二)

敌方智能体(右侧)采用游戏内置攻击-移动策略攻击我方智能体，其攻击目标为左侧直线交点，将自动攻击在此路径上的我方智能体

8.4 小　结

本章介绍了《星际争霸》AI 的开发基础，首先介绍了《星际争霸》强化学习环境的规范和设计方法，然后通过一个我方智能体随机选择敌方智能体策略的实例说明了整个 AI 的开发流程：环境设计与实现、策略实现和主程序实现，对实现细节进行了详细说明。在地图 M5 vs M5 上，我方随机攻击策略与游戏内置 AI 进行对战，统计得到获胜概率为 0，说明此策略非常差，第 9 章将详细介绍其他基于知识驱动的启发式策略开发。

思　考　题

(1) Gym 接口规范包括哪些要素？

(2) 如何开发一个符合 Gym 接口规范的《星际争霸》对抗环境？

(3) 多智能体对抗算法如何与环境交互？

第 9 章　基于知识驱动的启发式策略开发实战

本章基于单 Linux 模式的《星际争霸》AI 研究环境，进行基于知识驱动的启发式策略开发实战介绍，编程实现了游戏对战环境、攻击最近策略和攻击最弱最近策略。

9.1 《星际争霸》Gym 环境设计

对此设计了用于本章实战开发的符合 Gym 接口规范的 StarCraftRuleBasedEnv。该环境具有以下特性：

(1) 支持策略之间的对战，包括自我对战；

(2) 支持游戏内置策略、随机攻击策略、攻击最近策略和攻击最弱最近策略作为敌方 AI；

(3) 支持多智能体初始阵型设计；

(4) 支持对战动作可视化，即通过可视化界面可以观察智能体的攻击目标或移动位置；

(5) 支持不同对战策略间的对战胜率统计。

通过对第 8 章设计的 Gym 环境进行扩展，可以实现本章所需的环境。

1. 我方和敌方多种策略复用

敌方策略支持游戏内置(builtin) AI 策略、随机攻击(random)策略、攻击最近(closest)策略和攻击最弱最近(weakest-nearest)策略四种。后面的三种策略与我方策略实现采用相同的代码，只是传入的参数不同。

下面介绍我方智能体攻击最近策略和攻击最弱最近策略的实现代码。随机攻击策略实现见第 8 章，该算法实现可以供我方和敌方智能体共享调用。每个策略输入环境状态 obs、我方玩家 ID(our_play_id) 和敌方玩家 ID(enemy_play_id)，输出是一个列表，其中每个元素为 [myagent_id, atk_enemy_id]，表示我方智能体的 ID 及其攻击目标智能体的 ID。这些策略实现采用统一的编程接口方法名称和参数，便于使用时对它们的调用方法实现。

```
def _get_enemy_commands(self):
    cmds = []
    if self.enemyAI_type == 'builtin':
        for unit in self.state2.units[self.state2.player_id]:
            if self.builtin_flag:
                cmds.append([
                    tcc.command_unit_protected, unit.id,
                    tcc.unitcommandtypes.Attack_Move, -1, 100, 125
                ])
                cmds.append([tcc.draw_unit_pos_line, unit.id, 100 * DISTANCE_FACTOR, 125 * DISTANCE_FACTOR, 165])
            self.builtin_flag = False
    elif self.enemyAI_type in ['random', 'closest', 'weakest_nearest']:
        agent = None
        if self.enemyAI_type == 'random':
            agent = AttackRandomEnemy()
        elif self.enemyAI_type == 'closest':
            agent = AttackClosestEnemy()
        elif self.enemyAI_type =='weakest_nearest':
            agent = AttackWeakestNearestEnemy()
        if agent is None:
            print('error: you should select a enemy AI type in [builtin, random, closest, weakest_nearest]...')
            sys.exit()
        our_play_id = self.state2.player_id
        enemy_play_id = self.state1.player_id
        obs = self.state2
        actions = agent.act(obs, our_play_id, enemy_play_id)
        for action in actions:
            cmds.append([
                tcc.command_unit_protected,
                action[0],
                tcc.unitcommandtypes.Attack_Unit,
```

```
32.         action[1],
33.       ])
34.       cmds.append([tcc.draw_unit_line, action[0], action[1],
165]) # 165 blue
35.
36.   return cmds
```

参数 self.enemyAI_type 表示敌方 AI 的类型，可在 builtin、random、closest、weakest-nearest 中进行选择；

第 8 行表示所有的敌方智能体内置攻击策略采用 Attack_Move 命令向同一个目标点(100, 125)发起进攻；

第 10 行表示画出敌方智能体到攻击目标点的蓝色攻击线；

第 34 行表示画出敌方智能体到我方智能体的蓝色攻击线。

值得注意的是，这些策略的实现没有用到环境给出的 reward 奖励值，因此在对战环境中 reward 的计算方法在此略去。

2. 多智能体初始阵型设计

在对战开始之前，可以对双方智能体的类型、数量和阵型进行设计。如下代码实现了我方智能体的随机位置、聚集位置和 I 形等阵型，参数 init_our_formation 为 R 时代表我方智能体将在对战区域内的随机位置生成；O 表示所有的智能体在同一个位置聚集生成；I 表示智能体在地图上生成 I 形的一列，称为一字排开阵，效果如图 9.1 所示。敌方智能体的初始阵型设计与我方的实现方式一致。

```
def _set_units(self):
  if self.init_our_formation == 'R':
    self.my_unit_pairs = [(self.our_unit_type, 1, -1, -1,
                self.init_range_start, self.init_range_end)
               for _ in range(self.nagents)]

  elif self.init_our_formation == 'O':
    self.my_unit_pairs = [(self.our_unit_type, self.nagents,
100 * DISTANCE_FACTOR, 125 * DISTANCE_FACTOR,
```

```
9.              self.init_range_start, self.init_range_end)]
10.  elif self.init_our_formation == 'I':
11.
12.    self.my_unit_pairs = []
13.    for i in range(self.nagents):
14.      if i < self.nagents / 2 and self.nagents % 2 == 1:
15.        self.my_unit_pairs.append((self.our_unit_type, 1, 100 * DISTANCE_FACTOR, (125 - 4 * i) * DISTANCE_FACTOR,
16.                  self.init_range_start, self.init_range_end))
17.      elif i > self.nagents / 2 and self.nagents % 2 == 1:
18.        self.my_unit_pairs.append((self.our_unit_type, 1, 100 * DISTANCE_FACTOR, (125 + 4 * (i - self.nagents // 2)) * DISTANCE_FACTOR,
19.                  self.init_range_start, self.init_range_end))
20.
21.      if i <= self.nagents / 2 and self.nagents % 2 == 0:
22.        self.my_unit_pairs.append((self.our_unit_type, 1, 100 * DISTANCE_FACTOR, (125 + 2 - 4 * i) * DISTANCE_FACTOR,
23.                  self.init_range_start, self.init_range_end))
24.      elif i > self.nagents / 2 and self.nagents % 2 == 0:
25.        self.my_unit_pairs.append((self.our_unit_type, 1, 100 *   DISTANCE_FACTOR, (125 + 2 + 4 * (i - self.nagents // 2)) * DISTANCE_FACTOR,
26.                  self.init_range_start, self.init_range_end))
```

程序中第 3、4 行中参数定义如下。

self.our_unit_type：智能体类型，《星际争霸》中的兵种类型；

1：生成兵的数量；

–1：兵所在的 x 坐标位置，原点在左上，往右 x 坐标增加，–1 表示随机值；

–1：兵所在的 y 坐标位置，原点在左上，往下 y 坐标增加，–1 表示随机值；

self.init_range_start：作战区域的左上开始位置，x、y 坐标都为此值；

self.init_range_end：作战区域的右下结束位置，x、y 坐标都为此值。

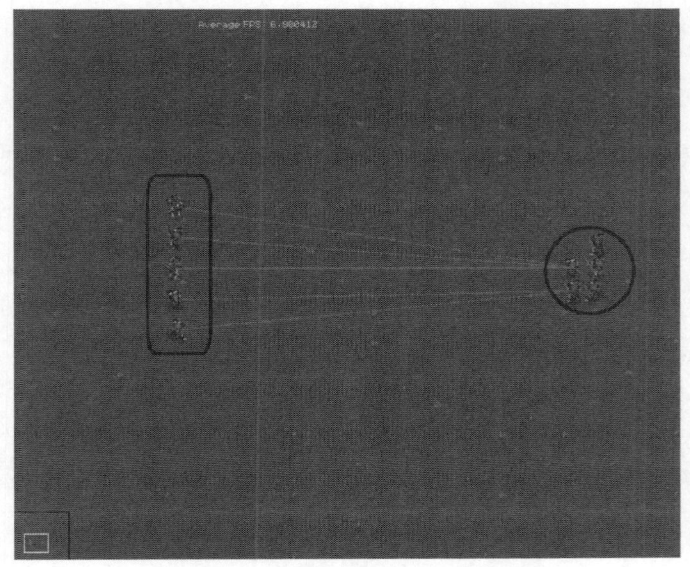

图 9.1　多智能体初始阵型设计效果图

左侧智能体初始攻击阵型为 I 形，右侧智能体初始攻击阵型为 O 形

3. 对战动作可视化

在生成攻击或移动命令时，通过以下 2 个命令可以生成攻击线和移动线。第 1 行表示在 2 个智能体间画一条红色实线，显示第 1 个智能体对第 2 个智能体的攻击关系，其中参数：action[0]表示第 1 个智能体的 ID，action[1]表示第 2 个智能体的 ID，111 表示红色线。第 2 行表示在一个智能体和目标位置上画一条蓝色实线，显示第 1 个智能体向目标位置的移动关系，其中参数：action[0]表示需要移动的智能体 ID，p.x 和 p.y 表示目的地的 x 坐标和 y 坐标，165 表示蓝色线。

```
1. cmds.append([tcc.draw_unit_line, action[0], action[1], 111]) #111red line
2. cmds.append([tcc.draw_unit_pos_line, action[0], p.x, p.y, 165]) # 165 blue line
```

值得注意的是，命令中的 p.x、p.y 是像素坐标，在攻击策略中使用的智能体的 agent.x 和 agent.y 是地图坐标(整数，不大于地图对应宽和高的大小)，它们的值大小相差 8 倍，如 p.x=8*agent.x，p.y= 8*agent.y。

9.2 攻击最近敌方策略设计

攻击最近敌方策略是指在每次行动决策时，我方每个智能体总是选择离其最近的敌方目标作为下一个攻击目标。策略实现程序如下所示：

```
1. class AttackClosestEnemy(object):
2.   def act(self, obs, our_play_id, enemy_play_id):
3.     our_agents = obs.units[our_play_id]
4.     actions = []
5.     for i in range(len(our_agents)):
6.       action = self.act_one_action(i, obs, our_play_id, enemy_play_id)
7.       actions.append(action)
8.     return actions
9.
10.  def act_one_action(self, i, obs, our_play_id, enemy_play_id):
11.    agent = obs.units[our_play_id][i]
12.    enemy_agents = obs.units[enemy_play_id]
13.    myagent_id = agent.id
14.    min_dis = math.inf
15.    atk_enemy_id = None
16.    for e in enemy_agents:
17.      d = (agent.x - e.x) ** 2 + (agent.y - e.y) ** 2
18.      if min_dis > d:
19.        min_dis = d
20.        atk_enemy_id = e.id
21.    return [myagent_id, atk_enemy_id]
```

第 17 行：距离计算选择为两个智能体之间欧氏距离的平方。

第 20 行：函数计算返回离位置 x、y 最近的敌方智能体 ID。

9.3　攻击最弱最近敌方策略设计

攻击生命值最低敌方策略是指在每次行动决策时，我方每个智能体总是选择敌方智能体中生命值最低的智能体作为下一个攻击目标，如果生命值相同，则选择最近的敌方目标进行攻击。实现程序如下所示：

```
class AttackWeakestNearestEnemy(object):
    def act(self, obs, our_play_id, enemy_play_id):
        our_agents = obs.units[our_play_id]
        actions = []
        for i in range(len(our_agents)):
            action = self.act_one_action(i, obs, our_play_id, enemy_play_id)
            actions.append(action)
        return actions

    def act_one_action(self, i, obs, our_play_id, enemy_play_id):
        agent = obs.units[our_play_id][i]
        enemy_agents = obs.units[enemy_play_id]
        myagent_id = agent.id
        atk_enemy_id = None
        hps = []
        for e in enemy_agents:
            hps.append(e.health + e.shield)
        idxs = np.argsort(hps)
        min_hp = hps[idxs[0]]
        min_dis = math.inf
        for idx in idxs:
            d = (agent.x - enemy_agents[idx].x) ** 2 + (agent.y - enemy_agents[idx].y) ** 2
```

```
23.        e_hp = enemy_agents[idx].health + enemy_agents[idx].shield
24.        if min_dis > d and e_hp <= min_hp:
25.          min_dis = d
26.          atk_enemy_id = enemy_agents[idx].id
27.        elif e_hp > min_hp:
28.          break
29.      return [myagent_id, atk_enemy_id]
```

第 18 行：将敌方智能体的生命值(health 和 shield 值之和)进行从少到高排序，返回所在列表位置的索引；

第 19 行：获取最低生命值；

第 22 行：获取我方智能体到敌方智能体的距离(欧氏距离的平方)；

第 26 行：获取具有最少生命值的最近敌方智能体 ID，作为攻击目标。

9.4　实验设计与结果分析

游戏地图分为地面和空中两个空间，地面又分为高地与洼地，在遭到攻击之前低处的单位不能看到高处。地面单位移动将受地形、地物和障碍物的限制。空中单位可以穿过所有的障碍物并且视野不受地形的限制。

为了比较多智能体强化学习算法之间的差异和极大限度地减小其他外界因素的影响，实验中统一应用的是视野开阔、无高地和洼地的平原地带。互相对抗的多智能体分为红蓝双方，战役性质为遭遇战。除双方智能体算法和阵型不同外，其余设定均相同。当某一方的智能体全数被另一方消灭时战斗结束。每当一场战斗结束，后台会进行计数和统计双方胜率。

实验共分为小规模、中规模和大规模这三个场景进行研究。

在 M5 vs M5 的小规模对战中，战场环境设置为视野开阔、无地物和障碍物的平原地带，双方各有 5 名枪兵参加战斗，每名枪兵都具有 40 点生命值，每次攻击都会对敌方造成 6 点远程伤害，每场实验进行 200 次对局，每次对局直至一方被全数消灭则结束，后台记录双方胜率。

在 M10 vs M10 的中规模对战中，战场环境设置为视野开阔、无地物和障碍物的平原地带，双方各有 10 名枪兵参加战斗，每名枪兵都具有 40 点生命值，每次攻击都会对敌方造成 6 点远程伤害，每场实验进行 200 次对局，每次对局直至一方被全数消灭则结束，后台记录双方胜率。

在 M20 vs M20 的大规模对战中，战场环境设置为视野开阔、无地物和障碍物的平原地带，双方各有 20 名枪兵参加战斗，每名枪兵都具有 40 点生命值，每次攻击都会对敌方造成 6 点远程伤害，每场实验进行 200 次对局，每次对局直至一方被全数消灭则结束，后台记录双方胜率。

以下实验将分别分析研究不同的决策频率、初始攻击阵型、对战规模和攻击策略对胜率的影响。各种策略相互对战的主程序采用第 8 章设计实现。用户可以根据自己的需要进行扩展研究。

9.4.1　不同决策频率对胜率的影响

双方智能体的初始攻击阵型都为 O 形，每方所有智能体生成在同一位置，敌方的策略为游戏内置攻击策略，我方分别采用攻击最近敌方策略和攻击最弱最近敌方策略进行攻击。参数 frame_skip 表示决策频率，如 frame_skip=1 表示每帧都进行决策，frame_skip=2 表示每 2 帧决策一次。

在不同的地图下，取得最高胜率时的决策频率各不相同，并且随着地图中智能体数量的增加，最高胜率的决策频率有增加的趋势。如表 9.1 和表 9.2 所示，针对攻击最近敌方策略，最高胜率决策频率在 M5 vs M5 的地图上为 3，在 M10 vs M10 的地图上为 7，在 M20 vs M20 的地图上为 7 和 9。针对攻击最弱最近敌方策略，最高胜率决策频率在 M5 vs M5 的地图上为 3，在 M10 vs M10 的地图上为 5。

在小规模对抗场景中，攻击最弱最近敌方策略的胜率基本要优于攻击最近敌方策略；而在中大规模对抗场景中，则反之。在大规模场景中，攻击最弱最近敌方策略的胜率为 0。

表 9.1　攻击最近敌方策略的胜率　　（单位：%）

地图	frame_skip 参数						
	1	3	5	7	9	11	13
M5 vs M5	61.5	**72.5**	65	65.5	68	71	60.5
M10 vs M10	43.5	45	31.5	**48.5**	30.5	27.5	40.5
M20 vs M20	35	34	36	**50.5**	**50.5**	46.5	47.5

表 9.2　攻击最弱最近敌方策略的胜率　（单位：%）

地图	frame_skip 参数						
	1	3	5	7	9	11	13
M5 vs M5	74.5	**80.5**	77	78.5	67.5	74.5	80
M10 vs M10	30.5	14.5	**32**	16	14.5	31.5	19
M20 vs M20	0	0	0	0	0	0	0

注：黑体数字表示最高胜率，下同。

9.4.2　不同初始阵型对胜率的影响

敌方的策略为游戏内置攻击策略，我方分别采用攻击最近敌方策略和攻击最弱最近敌方策略以不同的初始攻击阵型进行攻击，参数 frame_skip 固定为 3。

如表 9.3 所示，多智能体初始攻击 I 形阵型对阵 O 形阵型具有优势，若敌方采用 O 形阵型，不论我方采用 I 形还是 O 形都将具有较高胜率；若敌方采用 I 形阵型将降低我方胜率。针对攻击最近敌方策略，若我方采用 I 形阵型、敌方采用 O 形阵型时，我方的胜率要比敌方采用 I 形阵型时提高 27%；若我方采用 O 形阵型、敌方采用 I 形阵型时，我方的胜率比敌方采用 O 形阵型时降低 24%。

针对攻击最弱最近敌方策略，我方采用 I 形阵型、敌方为 O 形阵型时，我方的胜率要比敌方采用 I 形阵型的胜率提高 12.5%；我方采用 O 形阵型、敌方采用 I 形阵型时，我方的胜率比敌方采用 O 形阵型时降低 15.5%。

初步分析，可以认为采用 I 形阵型初始攻击阵型比 O 形阵型更加利于机枪兵的火力展开和发挥，采用 O 形阵型时后方的智能体需要移动到前方才能进行火力输出。

表 9.3　攻击最近敌方策略的胜率　（单位：%）

我方攻击策略	我方初始攻击阵型	敌方初始阵型	
		I 形	O 形
攻击最近敌方策略	I 形	56.5	**83.5**
	O 形	48	**72**
攻击最弱最近敌方策略	I 形	84.5	**97**
	O 形	65	**80.5**

注：地图为 M5 vs M5。

9.4.3　不同对战规模对胜率的影响

在人族 M5 vs M5、M10 vs M10、M20 vs M20 和 M30 vs M30 的开阔地形地图上采用以上两种策略进行对抗，敌方为《星际争霸》内置 AI 游戏，敌方初始攻击阵型为 O 形，参数 frame_skip 固定为 3。

如表 9.4 所示，针对攻击最近敌方策略，当我方采用 I 形初始阵型时，随着智能体数量的增加，我方都具有较高的胜率且变化不大，在 M10 vs M10 上具有最高胜率；当我方采用 O 形初始阵型时，随着智能体数量增加，我方胜率呈下降趋势，并且在 M10 vs M10 和 M20 vs M20 的地图上胜率都低于 50%。

针对攻击最弱最近敌方策略，当我方采用 I 形或 O 形初始阵型时，随着智能体数量的增加，我方胜率急剧下降，在 M20 vs M20 的地图上胜率已下降为 0。

与攻击最弱最近敌方策略相比，攻击最近敌方策略受智能体对战规模影响稍小。这主要是因为在大规模对抗时攻击最弱最近敌方策略容易造成火力浪费(over kill)的情况，有过多的我方智能体的火力集中在单个敌方智能体上。

表 9.4　不同对战规模的胜率　　(单位：%)

地图	攻击最近敌方策略		攻击最弱最近敌方策略	
	I 形	O 形	I 形	O 形
M5 vs M5	82	67.5	97	73
M10 vs M10	94.5	43	34	26.5
M20 vs M20	76	47	0	0

9.4.4　不同策略间相互对抗胜率

双方初始攻击阵型为 O 形，参数 frame_skip 固定为 3。不同策略间相互对抗的我方胜率如表 9.5 所示。

在 M5 vs M5 地图上，我方攻击最弱最近策略要优于敌方游戏内置 AI 和攻击最近策略，我方攻击最近策略要优于敌方游戏内置 AI 策略；

在 M10 vs M10 地图上，我方攻击最近策略和攻击最弱最近策略都不敌敌方游戏内置 AI 策略，我方攻击最近策略要稍优于敌方攻击最弱最近策略；

在 M20 vs M20 地图上，我方攻击最近策略和内置 AI 策略都要完胜敌方攻击最弱最近策略，我方攻击最近策略不敌敌方游戏内置 AI 策略，我方只有约 40%的胜算。

表 9.5 不同策略间相互对抗的我方胜率 （单位：%）

地图	我方攻击策略	敌方攻击策略		
		游戏内置 AI 策略	攻击最近策略	攻击最弱最近策略
M5 vs M5	攻击最近策略	**73.5**	56	29.5
	攻击最弱最近策略	71.5	**71.5**	**49**
M10 vs M10	攻击最近策略	31	49	58
	攻击最弱最近策略	30	45.5	48
M20 vs M20	攻击最近策略	41.5	69	**100**
	攻击最弱最近策略	0	0	43.5

9.5 小 结

本章首先设计了符合 Gym 接口规范的《星际争霸》对战环境 StarCraftRuleBasedEnv，然后对基于知识驱动的启发式策略中攻击最近敌方策略和攻击最弱最近敌方策略进行了设计和实现，最后对影响对战胜率的各因素及各策略间优劣程度进行了简要实验设计和结果分析。

思 考 题

(1) 影响多智能体即时策略对抗胜率的因素有哪些？

(2) 如何开发实现一个启发式策略？

第 10 章　多智能体强化学习方法开发实战

本章以实现 BiCNet 算法为例进行实战开发，详细介绍实现基于 TensorFlow 深度学习框架的 BiCNet 算法[18]简化版本过程。这里指的简化版本是因为并未开放其源代码并且文献[18]中有很多细节描述并不清楚，如状态空间的选择等，只能依靠我们自己的理解进行设计实现，但是完全遵守其整个算法逻辑。

算法基于 Win-Linux 模式的《星际争霸》AI 研究环境进行实现。在 Ubuntu 系统中，采用 Facebook 发布的 TorchCraft 和 Python 3.5 开发实现 BiCNet 的 Gym 环境及其学习算法；在 Windows 10 系统中，运行《星际争霸》和 BWAPI。Windows 系统和 Ubuntu 系统之间通过网络进行通信。

10.1　BiCNet《星际争霸》Gym 环境设计实现

1. 状态空间与动作空间选择

状态空间分为共享状态空间和智能体局部状态空间。在本算法实现中共享的状态空间包括地图中所有智能体(包括我方和敌方)的 4 维状态，分别是针对地图几何中心点的距离和角度、生命值、攻击的冷却时间。

智能体局部状态空间包括自身的生命值、攻击冷却时间、生命值的变化量以及其周围若干个我方和敌方智能体的距离和角度。所有这些状态需要进行规范化，使得其状态值变化在合理的范围内。

每个智能体的动作空间为三维[–1, 1]的连续实数变量：

(1) 第一维表示攻击或移动动作的概率，当其大于等于 0 时表示攻击动作；当其小于 0 时表示移动动作；

(2) 第二维表示归一化的攻击角度，–1 到 1 代表 –180°到 180°的变化；

(3) 第三维表示归一化的攻击距离，–1 到 1 代表从 1 倍距离因子 DISTANCE_FACTOR 到 2 倍 DISTANCE_FACTOR 的变化。

第二维和第三维表示采用极坐标描述的攻击或者移动的目标点位置。在攻击时，选择离目标点最近的敌方智能体作为我方智能体的攻击目标进行攻击。

2. 奖励函数实现

分别对每个智能体的奖励将进行计算。其奖励值与距离最近的 K 个智能体(包括我方和敌方)相关,其值等于 K 个智能体中敌方智能体(归一化后)生命值减少的平均值减去我方智能体生命值减少的平均值。奖励函数实现程序如下所示:

```
def unit_top_k_reward(k, unit, unit_dict_list):
    d_list = []
    flag_list = []
    health_delta_list = []
    for unit_dict in unit_dict_list:
        flag = unit_dict.flag
        for i in unit_dict.id_list:
            t = unit_dict.units_dict[i]
            if t.die and t.delta_health <= 0:
                continue
            d = get_distance(unit.x, unit.y, t.x, t.y)
            health_delta_list.append(t.delta_health * 100. / t.max_health)
            d_list.append(d)
            flag_list.append(flag)
    top_k_idxes = np.argsort(np.array(d_list))[:k]
    top_k_flags = np.array(flag_list)[top_k_idxes]
    # enemy flag 1, myself flag 0
    num_enemy = np.sum(top_k_flags) + 0.
    num_myself = len(top_k_idxes) - num_enemy + 0.
    top_k_delta = np.array(health_delta_list)[top_k_idxes]
    myself_delta_norm = 0
    enemy_delta_norm = 0
    if num_myself > 0:
```

```
24.     myself_delta_norm = np.sum(np.multiply(top_k_delta, 1 - top_k_ flags)) / num_myself
25.   if num_enemy > 0:
26.     enemy_delta_norm = np.sum(np.multiply(top_k_delta, top_k_flags)) / num_enemy
27.   unit_reward = enemy_delta_norm - myself_delta_norm
28.   return unit_reward
```

第 11 行：计算其他智能体到 unit 智能体的距离；

第 12 行：计算对应智能体的生命值减少量(正值)，delta_health = last_last_health − current_health；

第 15 行：对距离从小到大进行排序，返回对应的索引值；

第 16 行：返回索引值对应的 flag 值；

第 24 行：计算我方生命值的平均减少值；

第 26 行：计算敌方生命值的平均减少值；

第 27 行：计算智能体的奖励值。

3. AC 网络实现

AC 网络实现程序如下所示：

```
class Dynamic_Actor(Model):
  def __init__(self, nb_unit_actions, name='actor', layer_norm=True, time_step=5):
    super(Dynamic_Actor, self).__init__(name=name)
    self.nb_unit_actions = nb_unit_actions
    self.layer_norm = layer_norm
    self.time_step = time_step

  # au alive units.
  def __call__(self, ud, mask, au, n_hidden=64, reuse=False):
    with tf.variable_scope(self.name) as scope:
      if reuse:
        scope.reuse_variables()
      # x [batch_size, time_step, obs_dim]
```

```
        x = ud
        if self.layer_norm:
          x = tc.layers.layer_norm(x, center=True, scale=True)

        x = tf.layers.dense(x, 64)
        if self.layer_norm:
          x = tc.layers.layer_norm(x, center=True, scale=True)
        x = tf.nn.relu(x)
        shape = x.get_shape().as_list()
        x = tf.reshape(x, [-1, self.time_step, shape[-1]])
        # build bidirection lstm
        lstm_fw_cell = rnn.BasicLSTMCell(n_hidden, forget_bias=1.0)
        lstm_bw_cell = rnn.BasicLSTMCell(n_hidden, forget_bias=1.0)
        x, _ = tf.nn.bidirectional_dynamic_rnn(lstm_fw_cell, lstm_bw_cell, x,
                                    dtype=tf.float32,
                                    sequence_length=au)
        x = tf.concat(x, 2)
            if self.layer_norm:
             x = tc.layers.layer_norm(x, center=True, scale=True)
        x = tf.nn.relu(x)
        x = tf.reshape(x, [-1, self.time_step * n_hidden * 2, 1])
        x = tf.layers.conv1d(x, self.nb_unit_actions, kernel_size=n_hidden * 2, strides=n_hidden * 2,
        kernel_initializer=tf.random_uniform_initializer(minval=-3e-3, maxval=3e-3))
        x = tf.nn.tanh(x)
    return x
```

Actor 网络和目标 Actor 网络结构和初始化参数相同。

第 6 行：self.time_step 为我方智能体数量；

第 9 行：参数 au 为活着的我方智能体数量，为[batch_size, 1]维张量，整型；

第 14 行：x 为[batch_size, time_step, obs_dim]维张量；

第 27 行：使用双向动态 RNN 进行计算，返回 2 个张量分别为[batch_size, time_step, 64]；

第 30 行：在 x 的第 3 个维度进行拼接，生成张量[batch_size, time_step, 128]；

第 38 行：返回张量[batch_size, time_step, 3]，为每个智能体生成一个动作。

Critic 网络实现程序如下所示：

```
1. class Dynamic_Critic(Model):
2.  def __init__(self, name='critic', layer_norm=True, time_step=5):
3.    super(Dynamic_Critic, self).__init__(name=name)
4.    self.layer_norm = layer_norm
5.    self.time_step = time_step
6.
7.  def __call__(self, ud, action, mask, au, n_hidden=64, reuse=False, unit_data = False):
8.    with tf.variable_scope(self.name) as scope:
9.      if reuse:
10.        scope.reuse_variables()
11.      # x [ batch_size, time_step, obs_dim]
12.      x = ud
13.      if self.layer_norm:
14.        x = tc.layers.layer_norm(x, center=True, scale=True)
15.      x = tf.layers.dense(x, 64)
16.      if self.layer_norm:
17.        x = tc.layers.layer_norm(x, center=True, scale=True)
18.      x = tf.nn.relu(x)
19.      # format action to be [ batch_size*time_step, nb_actions]
20.      x = tf.concat([x, action], axis=-1)
```

```
21.         x = tf.layers.dense(x, 64)
22.         if self.layer_norm:
23.           x = tc.layers.layer_norm(x, center=True, scale=True)
24.         x = tf.nn.relu(x)
25.         shape = x.get_shape().as_list()
26.         x = tf.reshape(x, [-1, self.time_step, shape[-1]])
27.
28.          lstm_fw_cell = rnn.BasicLSTMCell(n_hidden, forget_bias=1.0)
29.          lstm_bw_cell = rnn.BasicLSTMCell(n_hidden, forget_bias=1.0)
30.         x, _ = tf.nn.bidirectional_dynamic_rnn(lstm_fw_cell, lstm_bw_cell, x,
31.                                    dtype=tf.float32,
32.                                    sequence_length=au)
33.         x = tf.concat(x, 2)
34.         if self.layer_norm:
35.           x = tc.layers.layer_norm(x, center=True, scale=True)
36.         x = tf.nn.relu(x)
37.         x = tf.reshape(x, [-1, self.time_step * n_hidden * 2, 1])
38.          q = tf.layers.conv1d(x, 1, kernel_size=n_hidden*2, strides=n_hidden*2,
39.                         kernel_initializer=tf.random_uniform_initializer(minval=-3e-3, maxval=3e-3))
40.         q = tf.squeeze(q, [-1])
41.         Q = tf.reduce_sum(q, axis=1, keepdims=True)
42.       if unit_data:
43.         return Q, q
44.       return Q
```

类似的，Critic 网络和目标 Critic 网络结构和初始化参数相同。

第 20 行：观测状态与动作 action 在最后一维进行拼接；

第 30 行：与 Actor 网络一致，采用双向动态 RNN 进行计算；

第 40 行：为每个智能体生成一个 q 值，维数为[batch_size, time_step]张量；

第 41 行：对每一行进行求和生成 Q 值，保存张量维数为[batch_size, 1]。

4. 对死亡智能体的处理

死亡智能体的观测状态空间参数为全 0，奖励值为 0。

10.2　训练算法实现

1. 主程序实现

模型训练程序如下所示：

```
for epoch in range(nb_epochs):
    epoch_start_time = time.time()
    for cycle in tqdm(range(nb_epoch_cycles), ncols=50):
        while not done:
            action, q, uq = agent.pi(obs, apply_noise=True, compute_Q=True)
            assert action.shape == env.action_space.shape
            new_obs, r, done, info = env.step(action)
            t += 1
            episode_reward += np.sum(r)
            episode_step += 1
            epoch_actions.append(action)
            epoch_qs.append(q)
            agent.store_transition(obs, action, r, new_obs, done)
            obs = new_obs
            if done:
                for _ in range(nb_train_steps):
                    if agent.memory.length > 50 * batch_size:
                        cl, al = agent.train()
                        epoch_critic_losses.append(cl)
```

```
20.                 epoch_actor_losses.append(al)
21.                 agent.update_target_net()
22.             epoch_episode_steps.append(episode_step)
23.             episode_reward = 0.
24.             episode_step = 0
25.             epoch_episodes += 1
26.             episodes += 1
27.             agent.reset()
28.             obs = env.reset()
29.         done = False
```

第 5 行：智能体输入环境状态，通过策略网络 π 返回多个智能体的联合动作 action；

第 7 行：将联合动作传入环境中，获取新的环境状态、奖励值，是否完成标识和调试信息；

第 13 行：将状态转换过程存入缓存中；

第 18 行：智能体训练，更新 Actor 网络和 Critic 网络参数，返回 Critic 网络和 Actor 网络的损失 loss；

第 21 行：智能体更新目标 Actor 网络和目标 Critic 网络参数。

2. 动作生成实现

智能体的动作生成函数 agent.pi(obs, apply_noise=True, compute_Q=True) 实现如下：

```
def pi(self, obs, apply_noise=True, compute_Q=True):
  assert obs.keys() == self.obs0.keys()
  actor_tf = self.actor_tf
  feed_dict = {self.obs0[k]: [obs[k]] for k in obs.keys()}
  if compute_Q:
    action, q, uq = self.sess.run([actor_tf, self.critic_with_actor_tf, self.uq_with_actor],
                                  feed_dict=feed_dict)
  else:
```

```
9.     action = self.sess.run(actor_tf, feed_dict=feed_dict)
10.      q = None
11.      uq = None
12.    action = np.squeeze(action, [0])
13.    if self.action_noise is not None and apply_noise:
14.      noise = self.action_noise()
15.      assert noise.shape == action.shape
16.      action += noise
17.    action = np.clip(action, self.action_range[0], self.action_range[1])
18.    return action, q, uq
```

第 6 行：actor_tf 为 Actor 网络实例，返回多智能体联合动作，action 为[1, number of our agents,3]维张量；随后将联合动作输入 Critic 网络，返回总的 Q 值([1,1]维张量)和每个智能体的 q 值([1, number of our agents]维张量)；

第 12 行：维度压缩，去除张量中为 1 的维度，action 为[number of our agents,3]张量；

第 14 行：self.action_noise()为 OrnsteinUhlenbeckActionNoise 的实例，OrnsteinUhlenbeckActionNoise(mu=np.zeros(nb_actions), sigma=float(stddev) * np.ones(nb_actions))；

第 16 行：在 3 个动作状态上加入噪声，进行动作探索；

第 17 行：将动作值截取至动作空间中。

值得注意的是，在训练时 apply_noise=True 表示在动作中增加噪声，有利于动作的探索，在测试时 apply_noise=False 表示智能体的动作由策略网络直接生成，不含添加的噪声信息。

以下是 OrnsteinUhlenbeck 动作噪声的实现：

```
class OrnsteinUhlenbeckActionNoise(ActionNoise):
  def __init__(self, mu, sigma, theta=.15, dt=1e-2, x0=None):
    self.theta = theta
    self.mu = mu
    self.sigma = sigma
    self.dt = dt
```

```
        self.x0 = x0
        self.reset()

    def __call__(self):
        x = self.x_prev + self.theta * (self.mu - self.x_prev) * self.dt + self.sigma * np.sqrt(self.dt) * np.random.normal(size=self.mu.shape)
        self.x_prev = x
        return x
```

3. 智能体训练实现

智能体训练算法 agent.train()实现如下：

```
def train(self):
    batch = self.memory.sample(batch_size=self.batch_size)
    target_feed_dict = {self.obs1[k]: batch["obs1"][k] for k in self.obs1.keys()}
    target_feed_dict.update({
        self.rewards: batch["rewards"],
        self.terminals1: batch["terminals1"].astype('float32')
    })
    target_uq = self.sess.run(self.target_uq, feed_dict=target_feed_dict)
    ops = [self.actor_train_op, self.actor_loss, self.critic_train_op, self.critic_loss]
    feed_dict = {self.obs0[k]: batch["obs0"][k] for k in self.obs0.keys()}
    feed_dict.update({
        self.actions: batch["actions"],
        self.critic_target: target_uq
    })
    _, actor_loss, _, critic_loss = self.sess.run(ops, feed_dict= feed_dict)
```

```
16.   return critic_loss, actor_loss
```

第 2 行：从经验缓存中取出训练批次数据，batch 中包括联合动作 actions、前一环境状态 obs0、动作执行后环境状态 obs1、奖励值 rewards 和结束标识 terminals1 五类数据；

第 8 行：利用目标 Critic 网络计算每个智能体的 Q 值；

第 15 行：依次执行更新 Actor 网络参数，计算 Actor 网络的 loss，更新 Critic 网络参数，计算 Critic 网络的 loss；

Actor 网络参数更新实现 self.actor_train_op：

```
1. def setup_actor_optimizer(self):
2.   print("setting up actor optimizer")
3.   self.actor_loss = -tf.reduce_mean(self.critic_with_actor_tf)
4.    actor_shapes = [var.get_shape().as_list() for var in self.actor.trainable_vars]
5.   print(' actor shapes: {}'.format(actor_shapes))
6.   with tf.variable_scope('actor_optimizer'):
7.     self.actor_optimizer = tf.train.AdamOptimizer(learning_rate=self.actor_lr,
8.                               beta1=0.9, beta2=0.999, epsilon=1e-8)
9.     actor_grads = tf.gradients(self.actor_loss, self.actor.trainable_ vars)
10.    if self.clip_norm:
11.      self.actor_grads, _ = tf.clip_by_global_norm(actor_grads, self.clip_norm)
12.    else:
13.      self.actor_grads = actor_grads
14.    grads_and_vars = list(zip(self.actor_grads, self.actor.trainable_ vars))
15.    self.actor_train_op = self.actor_optimizer.apply_gradients(grads_and_vars)
```

第 3 行：表示 Actor 网络的优化目标是使 Actor 网络的输出动作能够最大化 Critic 网络的 Q 值；

第 7 行：表示采用 Adam 优化算法进行更新权重；

第 15 行：Actor 网络参数进行梯度更新。

Critic 网络训练参数更新实现 self.critic_train_op：

```
def setup_critic_optimizer(self):
    print('setting up critic optimizer')
    loss1 = tf.reduce_sum(tf.square(self.uq - self.critic_target), axis=1, keepdims=True)
    self.critic_loss = tf.reduce_mean(loss1)
    if self.critic_l2_reg > 0.:
        critic_reg_vars = [var for var in self.critic.trainable_vars if
                       ('kernel' in var.name or 'W' in var.name) and 'output' not in var.name]
        for var in critic_reg_vars:
            print(' regularizing: {}'.format(var.name))
        print(' applying l2 regularization with {}'.format(self.critic_l2_reg))
        critic_reg = tc.layers.apply_regularization(
            tc.layers.l2_regularizer(self.critic_l2_reg),
            weights_list=critic_reg_vars
        )
        self.critic_loss += critic_reg
    critic_shapes = [var.get_shape().as_list() for var in self.critic.trainable_vars]
    print(' critic shapes: {}'.format(critic_shapes))
    with tf.variable_scope('critic_optimizer'):
        self.critic_optimizer = tf.train.AdamOptimizer(learning_rate=self.critic_lr,
                                            beta1=0.9, beta2=0.999, epsilon=1e-8)
        critic_grads = tf.gradients(self.critic_loss, self.critic.trainable_vars)
        if self.clip_norm:
```

```
23.         self.critic_grads, _ = tf.clip_by_global_norm(critic_grads, self.clip_norm)
24.     else:
25.         self.critic_grads = critic_grads
26.     grads_and_vars = list(zip(self.critic_grads, self.critic.trainable_vars))
27.     self.critic_train_op = self.critic_optimizer.apply_gradients(grads_and_vars)
```

第 4 行：Critic 网络的优化目标是最小化 Critic 网络和目标 Critic 网络输出的误差平方和均值；

第 15 行：Critic 网络的 loss 还需加上权重的 L_2 范数惩罚；

第 27 行：Critic 网络参数进行梯度更新。

值得注意的是，本算法实现采用 Adam 优化算法，而文献[18]采用的为 SGD 优化算法。

目标网络参数更新 agent.update_target_net()：

```
def update_target_net(self):
    self.sess.run(self. target_soft_updates)
```

设置目标 Actor 网络和目标 Critic 网络参数的更新方法：

```
def setup_target_network_updates(self):
    actor_init_updates, actor_soft_updates = get_target_updates(self.actor.vars, self.target_actor.vars, self.tau)

    critic_init_updates, critic_soft_updates = get_target_updates (self.critic.vars, self.target_critic.vars, self.tau)

    self.target_init_updates = [actor_init_updates, critic_init_updates]
    self.target_soft_updates = [actor_soft_updates, critic_soft_updates]
```

方法 get_target_updates(vars, target_vars, tau)的实现如下：

```
def get_target_updates(vars, target_vars, tau):
    print('setting up target updates ...')
    soft_updates = []
    init_updates = []
    for i in vars:
        print(i.name)
    for i in target_vars:
        print(i.name)
    print(len(vars), len(target_vars))
    assert len(vars) == len(target_vars)
    for var, target_var in zip(vars, target_vars):
        init_updates.append(tf.assign(target_var, var))
        soft_updates.append(tf.assign(target_var, (1. - tau) * target_var + tau * var))
    assert len(init_updates) == len(vars)
    assert len(soft_updates) == len(vars)
    return tf.group(*init_updates), tf.group(*soft_updates)
```

10.3　运行模型

模型训练完成后，加载模型参数，测试算法性能：

```
with tf.Session() as sess:
    saver.restore(sess, vars_dict["model"])
    graph = tf.get_default_graph()
    obs = get_obs_tensor(observation_dtype.keys(), "obs0", graph)
    env_obs = env.reset()
    done = False
    output = graph.get_tensor_by_name("actor/Tanh:0")
    assert (set(env_obs.keys()) == set(obs.keys()))
    for cycle in tqdm(range(total_games), ncols=50):
        while not done:
            feed_dict = {obs[k]: [env_obs[k]] for k in env_obs.keys()}
```

```
12.         action = sess.run(output, feed_dict=feed_dict)
13.         action = np.squeeze(action, [0])
14.         env_obs, r, done, info = env.step(action)
15.         if done:
16.           if env.check_win():
17.             num_win += 1
18.           env_obs = env.reset()
19.       done = False
20.
21.   print('win rate for %d games is %0.3f' % (total_games, num_win / total_games))
22.   print('cost time:', time.time() - begin_time)
```

第 2 行：加载训练好的模型；
第 4 行：构造环境状态字典；
第 7 行：加载 Actor 网络输出计算图；
第 11 行：将环境状态信息注入；
第 12 行：计算智能体的联合动作；
第 17 行：获胜场次加 1；
第 21 行：输出胜率；
第 22 行：统计测试运行时间。

10.4　实验设计与结果分析

本节采用地图 M5 vs M5 和 M10 vs Z13 进行训练和测试，验证算法实现的有效性。敌方为游戏内置 AI，从初始位置向我方智能体初始位置发起进攻。实验结果表明，本章实现的算法效果优于文献[18]的效果，如表 10.1 所示。通过对抗过程的可视化，可以看出多智能体学习到分组集火攻击策略，如图 10.1 和图 10.2 所示。当然地图设置可能存在一些小的差异，毕竟我们没有文献[18]中实验所用的地图文件，所用地图来自 TorchCraft 发布和自己设计制作，但足以说明本章算法的有效性。

表 10.1　实验中的我方胜率　（单位：%）

地图	BiCNet[18]	本章实现的 BiCNet	备注
M5 vs M5	92	100	训练 3 个 epoches
M10 vs Z13	64	83	训练 2 个 epoches

(a) 左侧为我方枪兵，分为2组集火攻击了2个敌方枪兵

(b) 敌方被完全消灭时，我方还剩余3个枪兵

图 10.1　M5 vs M5 对抗过程图

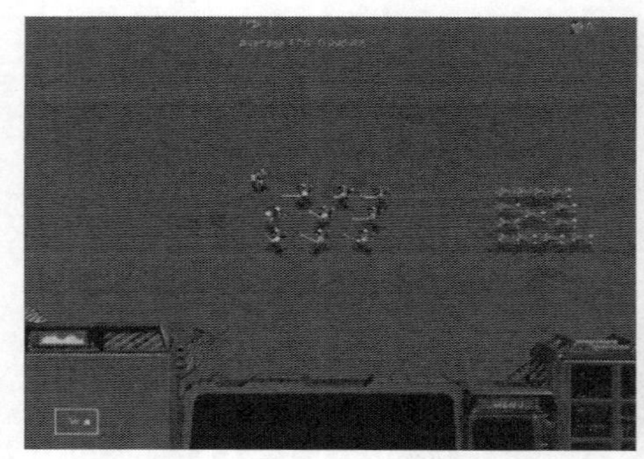

(a) 左侧为我方枪兵，右侧为敌方猎犬，学到的策略基本上是分组集火攻击策略

(b) 继续保持分组集火攻击策略，只是攻击目标发生改变

图 10.2　M10 vs Z13 对抗过程图

10.5　小　　结

本章采用 TensorFlow 深度学习开源框架和 Gym 规范实现了 BiCNet 算法。通过 2 张地图对算法进行了训练和测试，本章实现的 BiCNet 算法在胜率上略优于文献[18]提供的结果，验证了算法的有效性。

思　考　题

(1)深度强化学习算法实现要注意哪些内容？

(2)对文献[18]未清楚描述的细节信息如何把握和处理？

附录 A　深度神经网络与强化学习简介

A.1　深度神经网络

A.1.1　多层感知器

多层感知器是一种具有多个隐含层、前向结构、全连接的人工神经网络，映射一组输入向量到一组输出向量。多层感知机最开始是输入层，中间是隐含层，最后是输出层。多层感知器具有多个隐含层，是单向前向通路，没有反馈回路，并且多层感知器的层与层之间是全连接的，上一层的任何一个神经元与下一层的所有神经元都有连接。网络训练采用反向传播算法计算误差函数关于参数的梯度，采用随机梯度下降等算法使用该梯度进行学习，更新网络参数。图 A.1 是具有 2 个隐含层的多层感知器示例。

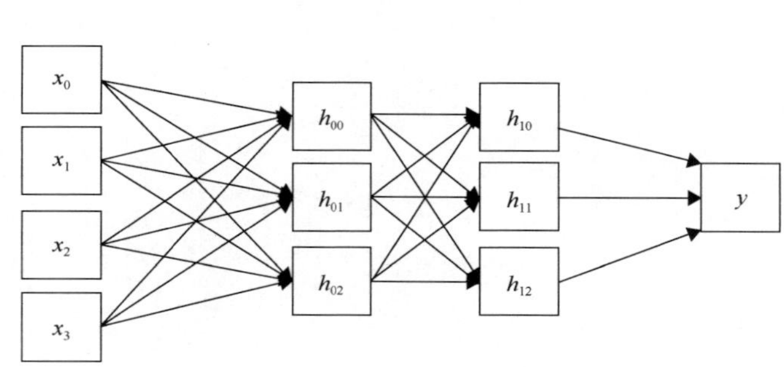

图 A.1　具有 2 个隐含层的多层感知器示例

激活函数在神经网络中引入非线性，使神经网络能够更好地解决较为复杂的问题。常见的激活函数有 sigmoid 函数、tanh 函数、ReLU 函数、softmax 函数四种。

(1) sigmoid 函数是最常用的激活函数之一，其值的范围为 0～1。sigmoid 函数定义为 $f(z)=\dfrac{1}{1+\mathrm{e}^{-z}}$，函数形状为以 0.5 为中心的 S 形。

(2) tanh 函数值的范围为 $-1\sim1$，函数定义为 $f(z)=\dfrac{\mathrm{e}^{2z}-1}{\mathrm{e}^{2z}+1}$，函数形状为以 0 为中心的 S 形。

(3) ReLU 函数称为修正线性单元，也是最常用的激活函数之一，其值为 $0\sim+\infty$，函数定义为 $f(z)=\max(0,z)$。

(4) softmax 函数本质是 sigmoid 函数的泛化，常在网络的最后一层使用，用于执行分类任务，输出各类的概率。其函数定义为 $\sigma(z)_i=\dfrac{\mathrm{e}^{z_i}}{\sum_j \mathrm{e}^{z_j}}$，表示输入属于第 i 类的概率，因此各类别的 softmax 函数值总和等于 1。

A.1.2　卷积神经网络

卷积神经网络主要由输入层、卷积层、池化层和全连接层组成。输入层对输入的数据进行预处理，从而得到模型统一的格式，常用的操作有去均值、归一化、主成分分析(PCA)/白化等。卷积是对图像和滤波矩阵做内积的操作，即加权叠加，卷积层用来进行特征提取，采用权重共享，使网络的参数减少。池化层对输入的特征图像进行压缩，使特征图像变小，简化网络的计算复杂度，并对图像进行特征压缩，提取主要特征信息，常用的池化方法有求最大值、平均值、中位数等。通过卷积和池化学习到的特征具有平移、旋转不变性。全连接层链接所有的特征，将其输出至分类器(如 softmax 分类器)。

在前向计算中，图像信息从输入层经过几层卷积和下采样的变换后提取特征，被传送到全连接层，得到网络的输出，如各种类别概率。在模型参数优化时，采用误差反向传播算法，将输出误差从输出层依次反向传递至每一层，利用梯度下降法对每层的参数求导优化。典型的卷积神经网络包括 LeNet-5、AlexNet、ZFNet、VGGNet、GoogleNet 和 ResNet 等。卷积神经网络非常适合处理图像数据，随着网络层数的增加，卷积神经网络能从原始图像中学习抽取有效的特征，被广泛应用于图像分类、目标检测、语义分割、游戏智能控制等任务。图 A.2 是典型卷积神经网络——VGGNet 的不同网络结构。

ConvNet Configuration					
A	A-LRN	B	C	D	E
11 weight layers	11 weight layers	13 weight layers	16 weight layers	16 weight layers	19 weight layers
input(224×224 RGB image)					
conv3-64	conv3-64 **LRN**	conv3-64 **conv3-64**	conv3-64 conv3-64	conv3-64 conv3-64	conv3-64 conv3-64
maxpool					
conv3-128	conv3-128	conv3-128 **conv3-128**	conv3-128 conv3-128	conv3-128 conv3-128	conv3-128 conv3-128
maxpool					
conv3-256 conv3-256	conv3-256 conv3-256	conv3-256 conv3-256	conv3-256 conv3-256 **conv1-256**	conv3-256 conv3-256 **conv3-256**	conv3-256 conv3-256 conv3-256 **conv3-256**
maxpool					
conv3-512 conv3-512	conv3-512 conv3-512	conv3-512 conv3-512	conv3-512 conv3-512 **conv1-512**	conv3-512 conv3-512 **conv1-512**	conv3-512 conv3-512 conv3-512 **conv3-512**
maxpool					
conv3-512 conv3-512	conv3-512 conv3-512	conv3-512 conv3-512	conv3-512 conv3-512 **conv1-512**	conv3-512 conv3-512 **conv3-512**	conv3-512 conv3-512 conv3-512 **conv3-512**
maxpool					
FC-4096					
FC-4096					
FC-1000					
soft-max					

图 A.2　VGGNet 的不同网络结构[50]

A.1.3　循环神经网络

循环神经网络是一种通过隐含层节点周期性地连接捕捉序列化数据中动态信息的神经网络，可以对序列化的数据进行处理。与其他前向神经网络不同，循环神经网络可以保存一种上下文的状态，甚至能够在任意长的上下文窗口中存储、学习、表达相关信息，而且不再局限于传统神经网络在空间上的边界，可以在时间序列上进行扩展。

递归神经网络是一般采用时间反向传播(back propagation through time，BPTT)训练算法来解决非长时依赖问题。如果递归神经网络的输入序列太长，则会导致反向传播求导的过程中梯度激增或降为零，形成梯度爆炸或消失问题。典型的循环神经网络包括 LSTM[51]、GRU[52]和双向循环神经网络[53]等。循环神经网络广泛应用于语言模型与文本生成、机器翻译、语音识别、图像描述生成、视频分类等任务。

A.2　强化学习

马尔可夫决策过程(MDP)是一个描述单智能体、多个状态的框架，可以通过元组 (S,A,T,R,γ) 进行描述，其中 S 是状态空间；A 是动作空间；$T{:}S\times A\times S\to[0,1]$ 是转移函数，表示下一个状态的概率分布定义为当前状态和智能体动作的函数；$R:S\times A\to\mathbb{R}$ 是奖励函数；γ 是奖励折扣因子。求解 MDP 包括找到一个策略 $\pi:S\to A$ 将状态映射到动作，最大化折扣后的未来奖励 $\sum_{k=0}^{\infty}\gamma^k R_k$，其示意图如图 A.3 所示。

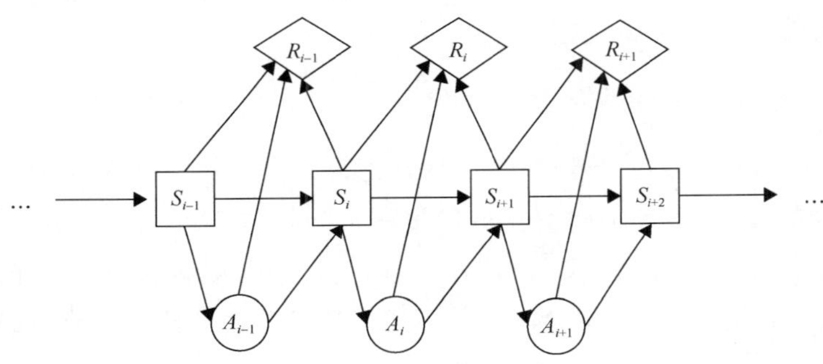

图 A.3　MDP 示意图

A.2.1　时间差分学习

时间差分学习是强化学习技术中最主要的技术之一。时间差分学习是蒙特卡罗思想和动态规划思想的结合，该方法一方面无需系统模型，即可从智能体的经验中学习；另一方面与动态规划方法一样，采用估计的值函数进行迭代。

1. Q 学习

Q 学习是在无模型情况下估计 Q 值函数最基本和流行的算法之一。Q 学习是一种离策略的学习算法，采用合理的策略生成动作，根据该动作与环境的交互所得到的下一个状态及其奖励来学习最优的 Q 值函数。Q 学习算法的基本思想是基于奖励和 Q 值函数增量估计新的 Q 值。Q 学习算法采用以下更新规则：

$$Q_{t+1}(s_t,a_t)=Q_t(s_t,a_t)+\alpha(r_t+\gamma\max_a Q_t(s_{t+1},a)-Q_t(s_t,a_t))$$

其中，α 是学习速率；γ 是奖励折扣因子；a 表示状态 s_{t+1} 下能够执行的动作。

当满足以下两个条件时，Q 学习算法能在时间趋于无穷时得到最优策略：

(1) $\sum_{t=0}^{\infty}\alpha_t^2<\infty$， $\sum_{t=0}^{\infty}\alpha_t<\infty$；

(2) 所有的状态和动作都能够被无限次遍历。

2. Sarsa 学习

Sarsa 学习是一种在线策略学习算法，直接使用在线动作更新 Q 值函数。Sarsa 学习使用以下更新规则：

$$Q_{t+1}(s_t,a_t)=Q_t(s_t,a_t)+\alpha(r_t+\gamma Q_t(s_{t+1},a_{t+1})-Q_t(s_t,a_t))$$

其中，动作 a_{t+1} 是由当前策略执行的状态为 s_{t+1} 的动作。在一定条件下，Sarsa 学习可以在时间趋于无穷时得到最优策略。

在 Q 学习中，通过 ε 贪婪策略选择动作，而在更新 Q 值时，简单地选择具有最大值的动作；而在 Sarsa 学习中，同样采用 ε 贪婪策略选择动作，但在更新 Q 值时，也通过 ε 贪婪策略选择动作。

A.2.2 蒙特卡罗方法

蒙特卡罗方法是一种无模型的方法，不需要事先知道 MDP 的状态转移概率以及奖励，通过随机采样找到近似解，采样越多、累积奖励的平均值越接近真实的值函数。通过与环境交互，从所采集的样本中学习，获得关于决策过程的状态、动作和奖励的大量数据(经验)，最后计算出累积奖励的平均值。因此，该方法的计算量较大。蒙特卡罗方法广泛应用于解决预测和控制问题。

A.2.3 策略梯度方法

策略梯度方法是一种直接逼近策略，优化策略，最终得到最优策略的方法。值函数法相比于策略梯度法有两个不足：第一，值函数法得到的是一个确定性策略，而最优策略可能是随机的，此时值函数法不适用；第二，值函数的一个微小变动往往会导致一个原本被选择的动作反而不能被选择，这种变化会影响算法的收敛性。策略梯度方法可以分为确定策略梯度算法和随机策略梯度算法：确定策略梯度算法中动作以概率为 1 被执行，随机策略梯度算法中动作以某一概率被执行。

行动者-评论者学习(actor-critic learning)方法结合了以值为基础(如 Q 学习)和以动作概率为基础(如策略梯度)两类强化学习算法。行动者基于概率选择动作，评论者基于行动者的动作对其优劣进行评分，行动者根据评论者的评分修改选择动作的概率。行动者-评论者学习的优势在于可以进行单步更新，比传统的策略梯度收敛速度更快。行动者-评论者学习中行动者和评论者都可以用神经网络代替，而且每次都是在连续状态中更新参数，而参数每次在更新前后都存在相关性，导致神经网络的学习效果较差，行动者和评论者难以收敛，对此，提出了深度确定性策略梯度[12]、A3C[14]、PPO[15]等算法。

附录 B 《星际争霸》游戏基础

《星际争霸》(StarCraft)是暴雪娱乐制作发行的一款即时战略游戏。这是《星际争霸》系列游戏的第一部作品，于 1998 年 3 月 31 日正式发行。《星际争霸：母巢之战》(StarCraft: Brood War)是即时战略游戏《星际争霸》的官方资料片，于 1998 年 11 月由暴雪娱乐和 Saffire 共同发行。资料片延续了原版《星际争霸》的剧情，并加入了新的游戏单位、科技、地图样式、背景音乐及平衡性调整。目前《星际争霸：重制版》国服版本已经正式上线，以更优异的画质和语音，刻画出人族、神族和虫族之间(表 B.1)无比恢宏的星际之战，同时保留了原版深入人心的经典元素。现有基于《星际争霸》的 AI 研究主要采用《星际争霸：母巢之战》1.16.1 版本。

本书主要研究其多智能体即时策略对抗，关注的是在已有兵力下的战斗过程，而不是全流程的对战，故不涉及游戏中的收集资源、建造建筑、升级科技和出兵等操作。

表 B.1 游戏种族简介

游戏种族	优势	劣势
人族 (Terran)	移动建筑可飞至空中躲避伤害，或用于侦察； 强大的防御性建筑和单位让敌人难以攻下人类基地； 工人可以快速修复建筑和机械单位	建筑体积庞大，造成基地空间局促； 建筑建造时间较长，科技耗费资源较多； 建筑的生命值过低时会起火，如不及时修复则会爆炸
神族 (Protoss)	强大的技能及其单位优秀的单兵作战能力让每一位星灵在战场上都举足轻重； 星灵一半的生命值转化成防御护盾的形式，可自行恢复； 单个工人便可快速建造多个建筑，然后继续进行采集	与其他种族相比，建造神族单位需要耗费更多资源； 神族单位和建筑无法恢复生命值； 神族必须建造水晶塔来为建筑充能，如果水晶塔被摧毁，建筑就会停止运作
虫族 (Zerg)	虫族单位和建筑在非战斗状态下可持续恢复生命值； 许多虫族单位都能通过潜地来隐藏自己； 可以快速并以较低资源生产大量虫族单位	每建造一座建筑，必须牺牲一只工蜂； 只能在缓慢扩展的菌毯上建造建筑； 需要建造多个防御建筑来保护自己

B.1 游戏种族与兵种

表 B.2 兵种属性缩写说明

	缩写	说 明
体积	S	小型单位
	M	中型单位
	L	大型单位
对地攻击力/对空攻击力	e	表示爆炸性攻击(对小型单位产生 50%的伤害，对中型单位产生 75%的伤害，对大型单位产生 100%的伤害)
	c	表示振荡/血浆攻击(对中型单位产生 50%的伤害,对大型单位产生 25%的伤害)
	s	表示喷溅性损害，在损害范围内影响所有的单位
属性说明	B	生物部队
	D	有反隐形/侦察潜伏部队能力
	SA	有魔法或特殊能力
	T	运输部队
	W	工人
其他	Stim	表示在兴奋剂作用下的速度
	Gnd	对地面
	Air	对空中
	upg	升级后发生的属性改变

B.1.1 人族

1. 地面兵种

表 B.3 人族地面兵种属性

兵种	体积	装甲	生命值	对地攻击力	对空攻击力	攻击间隔	射程	每级增加的攻击力	视野	属性说明	建造时间/s
Firebat (喷火兵)	S	1	50	16cs	0	22/11 Stim	1	2	7	B	24
Ghost (特种兵)	S	0	45	10c	10c	22	7	1	9/11 upg	B,SA	50
Goliath (机器巨人)	L	1	125	12	20e	22	5/8 Air upg	1Gnd/ 4Air	8		40
Marine (枪兵)	S	0	40	6	6	15/7.5 Stim	4/5 upg	1	7	B	24

续表

兵种	体积	装甲	生命值	对地攻击力	对空攻击力	攻击间隔	射程	每级增加的攻击力	视野	属性说明	建造时间/s
SCV（工人）	S	0	60	5	0	15	1	0	7	B,W	20
Siege Tank-Siege（攻城坦克）	L	1	150	70es	0	75	12	5	10		50
Siege Tank-Tank（坦克）	L	1	150	30e	0	37	7	3	10		50
Vulture（布雷车）	M	0	80	20c	0	30	5	2	8	SA	30
Missile Turret（防空塔）	L	0	200	0	20e	15	7	0	11	D	30
Medic（救护兵）	S	1	60	0	0		0	0	9	B,SA	30

2. 空中兵种

表 B.4　人族空中兵种属性

兵种	体积	装甲	生命值	对地攻击力	对空攻击力	攻击间隔	射程	每级增加的攻击力	视野	属性说明	建造时间/s
Battlecruiser（大舰）	L	3	500	25	25	30	6	3	11	SA	160
Dropship（运输船）	L	1	150	0	0	-	0	0	8	T	50
Science Vessel（科技球）	L	1	200	0	0	-	0	0	10	D,SA	80
Wraith（隐形飞机）	L	0	120	8	20e	30Gnd/22Air	5	1Gnd/2Air	7	SA	60
Valkyrie（瓦格雷）	L	2	200	0	5es	64	6	1	8		60

3. 魔法兵种

表 B.5　人族魔法兵种属性

兵种	体积	装甲	生命值	对地攻击力	对空攻击力	攻击间隔	射程	每级增加的攻击力	视野	属性说明	建造时间/s
Battlecruiser（大舰）	L	3	500	25	25	30	6	3	11	SA	160
Ghost（特种兵）	S	0	45	10c	10c	22	7	1	9/11 upg	B,SA	50

续表

兵种	体积	装甲	生命值	对地攻击力	对空攻击力	攻击间隔	射程	每级增加的攻击力	视野	属性说明	建造时间/s
Science Vessel（科技球）	L	1	200	0	0	-	0	0	10	D,SA	80
Wraith（隐形飞机）	L	0	120	8	20e	30Gnd/ 22Air	5	1Gnd/ 2Air	7	SA	60
Medic（医护兵）	S	1	60	0	0		0	0	9	B,SA	30

B.1.2 神族

1. 地面兵种

表 B.6 神族地面兵种属性

兵种	体积	装甲	生命值	护盾	对地攻击力	对空攻击力	攻击间隔	射程	每级增加的攻击力	视野	属性说明	建造时间/s
Archon（执政官）	L	0	10	350	30s	30s	20	2	3	8		20
Dragoon（龙骑）	L	1	100	80	20e	20e	30	4/6 upg	2	8		40
High Templar（圣堂武士）	S	0	40	40	0	0		0	0	7	B,SA	50
Photon Cannon（光子炮）	L	0	100	100	20	20	22	7	0	11	D	50
Probe（农民）	S	0	20	20	5	0	22	1	0	8	W	20
Reaver（金甲雄风）	L	0	100	80	100s/ 125s upg	0	60	8	0	10		70
Zealot（狂徒）	S	1	80	80	16	0	22	1	2	7	B	40
Dark Archon（黑暗执政官）	L	1	25	200	0	0		0	0	10	SA	20
Dark Templar（黑暗圣堂）	S	1	80	40	40	0	30	1	3	7	B	50

2. 空中兵种

表 B.7　神族空中兵种属性

兵种	体积	装甲	生命值	护盾	对地攻击力	对空攻击力	攻击间隔	射程	每级增加的攻击力	视野	属性说明	建造时间/s
Arbiter（仲裁者）	L	1	200	150	10e	10e	45	5	1	9	SA	160
Carrier（航空母舰）	L	4	300	150	6	6		8	1	11		140
Observer（观察者）	S	0	40	20	0	0		0	0	9/11 upg	D	40
Scout（侦察机）	L	0	150	100	8	28e	30Gnd/ 22Air	4	1Gnd/ 2Air	8/10 upg		80
Shuttle（运输船）	L	1	80	60	0	0		0	0	8	T	60
Corsair（海盗船）	M	1	100	80	0	5es	8	5	1	9	SA	40

3. 魔法兵种

表 B.8　神族魔法兵种属性

兵种	体积	装甲	生命值	护盾	对地攻击力	对空攻击力	攻击间隔	射程	每级增加的攻击力	视野	属性说明	建造时间/s
Arbiter（仲裁者）	L	1	200	150	10e	10e	45	5	1	9	SA	160
High Templar（圣堂武士）	S	0	40	40	0	0		0	0	7	B,SA	50
Corsair（海盗船）	M	1	100	80	0	5es	8	5	1	9	SA	40
Dark Archon（黑暗执政官）	L	1	25	200	0	0		0	0	10	SA	20

B.1.3　虫族

1. 地面兵种

表 B.9　虫族地面兵种属性

兵种	体积	装甲	生命值	对地攻击力	对空攻击力	攻击间隔	射程	每级增加的攻击力	视野	属性说明	建造时间/s
Broodling（孢子）	S	0	30	4	0	15	1	1	5	B	0

续表

兵种	体积	装甲	生命值	对地攻击力	对空攻击力	攻击间隔	射程	每级增加的攻击力	视野	属性说明	建造时间/s
Defiler (蝎子)	M	1	80	0	0		0	0	10	B,SA	50
Drone (雄蜂)	S	0	40	5	0	22	1	0	7	B,W	20
Egg (卵)	L	10	200	0	0		0	0	4		0
Hydralisk (刺蛇)	M	0	80	10e	10e	15	4/5 upg	1	6	B	28
Infested Terran (自杀生化人)	S	0	60	500es	0		1	0	5	B	40
Larva (脑虫)	S	10	25	0	0		0	0	4		0
Spore Colony (防空)	L	0	400	0	15	15	7	0	10	D	20
Sunken Colony (地刺)	L	0	400	40e	0	32	7	0	10		20
Ultralisk (雷兽)	L	1/3 upg	400	20	0	15	1	3	7	B	60
Zergling (猎犬)	S	0	35	5	0	8/6 upg	1	1	5	B	28
Lurker (潜伏者)	M	1	125	20s	0	37	6	2	8	B	40

2. 空中兵种

表 B.10 虫族空中兵种属性

兵种	体积	装甲	生命值	对地攻击力	对空攻击力	攻击间隔	射程	每级增加的攻击力	视野	属性说明	建造时间/s
Guardian (守护者)	L	2	150	20	0	30	8	2	11	B	40
Mutalisk (飞龙)	S	0	120	9	9	30	3	1	7	B	40
Overlord (宿主)	L	0	200	0	0		0	0	9/11 upg	D,B,T	40
Queen (皇后)	M	0	120	0	0		0	0	10	B,SA	50
Scourge (自杀蝙蝠)	S	0	25	0	110		1	0	5	B	30
Devourer (吞噬者)	L	2	250	0	25e	100	6	2	10	B	40

3. 魔法兵种

表 B.11 虫族魔法兵种属性

兵种	体积	装甲	生命值	对地攻击力	对空攻击力	攻击间隔	射程	每级增加的攻击力	视野	属性说明	建造时间/s
Defiler（蝎子）	M	1	80	0	0		0	0	10	B,SA	50
Queen（皇后）	M	0	120	0	0		0	0	10	B,SA	50

B.2 游戏地图制作与编辑

游戏地图只有地面和空中的区别，地面有高地与洼地的区别，低处的单位在遭到攻击之前无法看到高处。地面单位移动将受到地面地形、地物和障碍物的限制。空中单位可以穿越一切障碍并且视野不受地形限制。

运行《星际争霸》安装路径下自带的 StarEdit.exe 工具，支持地图地形及兵力的制作与编辑。

下面以对《星际争霸》中 TorchCraft 提供的 M5 vs M5 地图上的修改为例进行介绍，内容包括修改角色的战斗力和游戏中角色的设定，暂不包括地形等内容的修改。

B.2.1 角色战斗力修改

(1) 打开 M5 vs M5 地图。

(2) 打开菜单：Scenario—>Unit and Hero Settings，左栏选择要修改的角色，右栏选择战斗力等若干参数，如图 B.1 所示。

B.2.2 游戏中触发器修改

(1) 打开 M5 vs M5 地图。

(2) 打开菜单：Scenario—> Triggers，显示 Triggers 面板，如图 B.2 所示。

其中 Player1 是我方，Player2 是电脑内置 AI。这时可以设置每个角色的 Triggers，即在何种条件下执行何种动作。下面介绍 M5 vs M5 地图中设定的 Trigger。

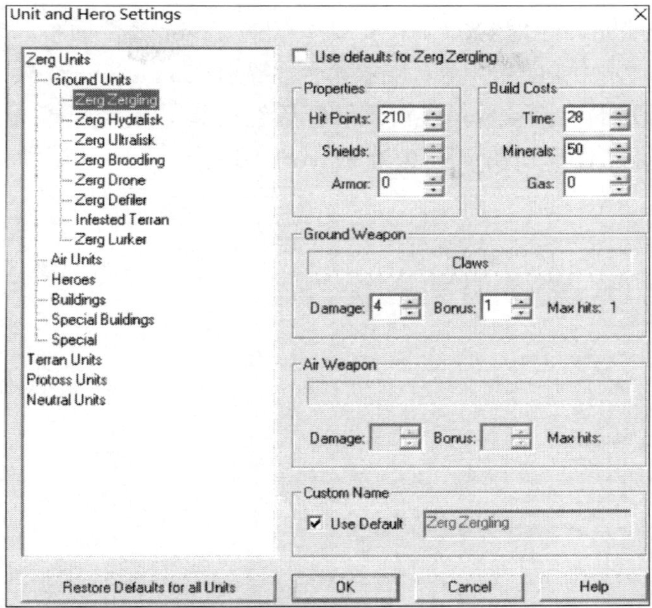

图 B.1 游戏角色参数设定面板

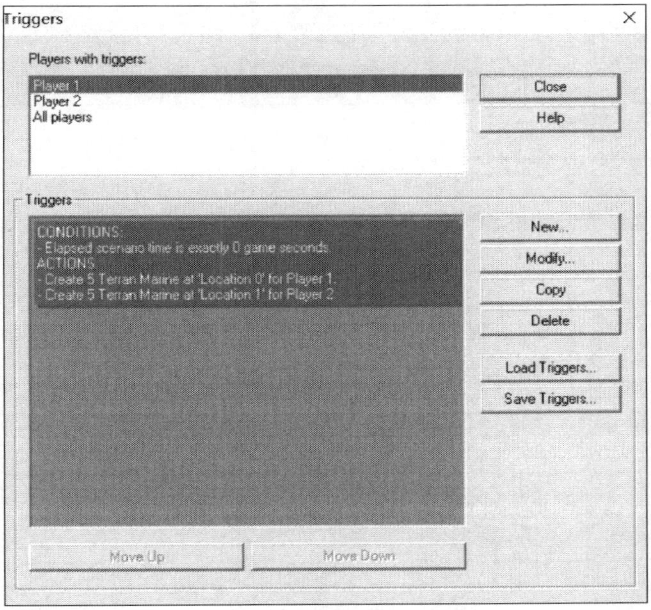

图 B.2 Triggers 面板

(3) 双击 Player1 对应的 Trigger，打开 Trigger 属性面板，如图 B.3～图 B.5 所示。其中 Player1 指对应的角色，选择 Conditions 选项，可以看到该 Trigger 触发的前提条件是在游戏开始后经过 0s。接着选择 Action 选项，可以看出执行动作分别在位置 0 为 Player1 创建 5 个 Marine 和在位置 1 为

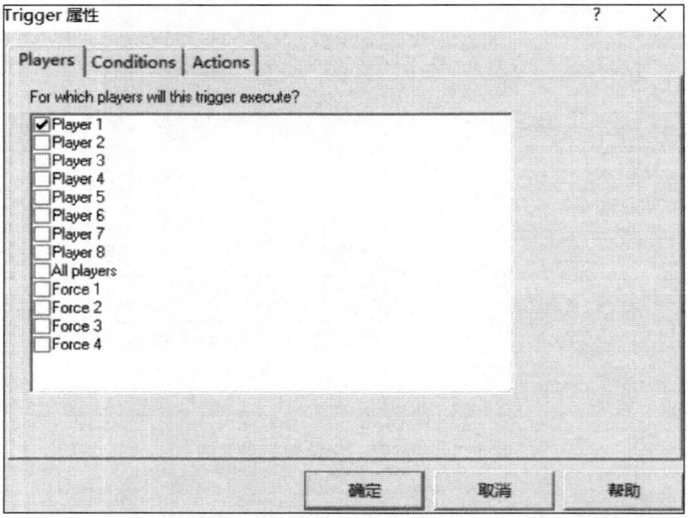

图 B.3　Trigger 属性之 Players

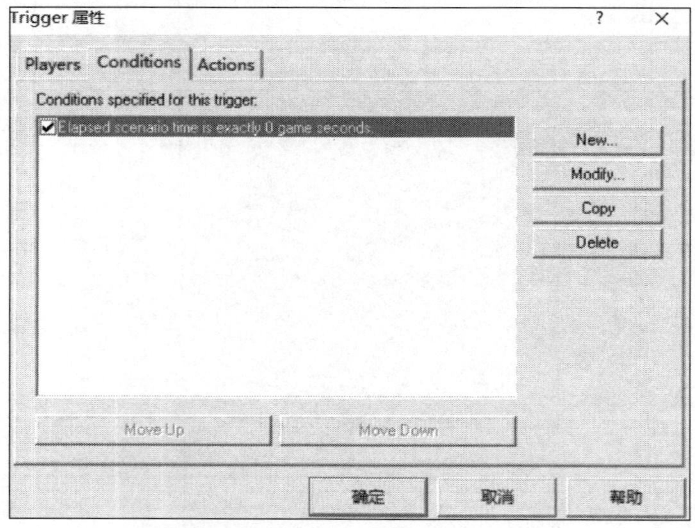

图 B.4　Trigger 属性之 Conditions

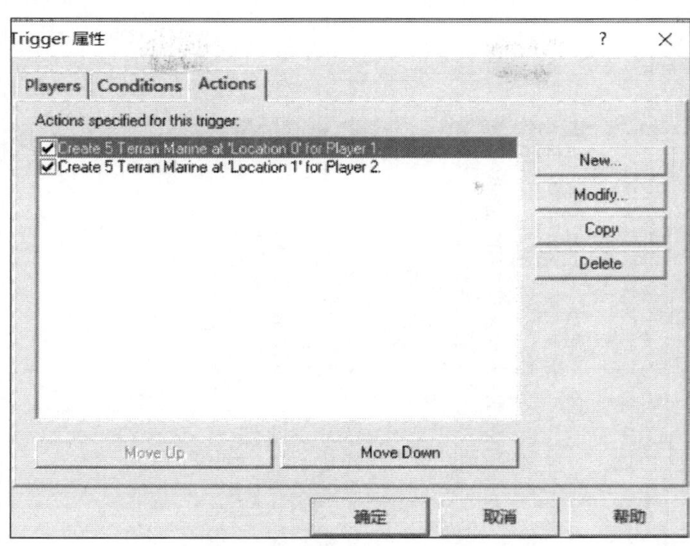

图 B.5 Trigger 属性之 Actions

Player2 创建 2 个 Marine。如果需要更改为其他角色，则依次类推，修改个数和类型即可。

(4) 同样双击 Player2 对应的 Trigger，可以看到其条件为：Player2 commands at least 5 Terran Marines，也就是说计算机 AI 每次至少指挥 5 个 Marine 时才会进行攻击。那么在修改时就要注意，如果 Player2 有 3 个 Zergling，那么计算机 AI 就不会到我方位置进行攻击；该 Trigger 的动作是命令 Player2 所属的所有 Terran 发起攻击。

(5) 双击对应于 All players 的 Trigger，如图 B.6 所示。其中，Current player commands at most 0 Terran Marine，同时这种情况发生 2s 以后动作为：杀死所有的 Terran Marine，创建与 (3) 中初始情况下相同的角色。整个触发器的意思是：当某一方所有角色都死亡 2s 后，杀伤所有目前剩余的角色，然后重新生成开局时的角色。方案设定时同样需要对这些进行修改。

总而言之，对于角色的修改，都涉及对上述 3 个 Trigger 的修改。

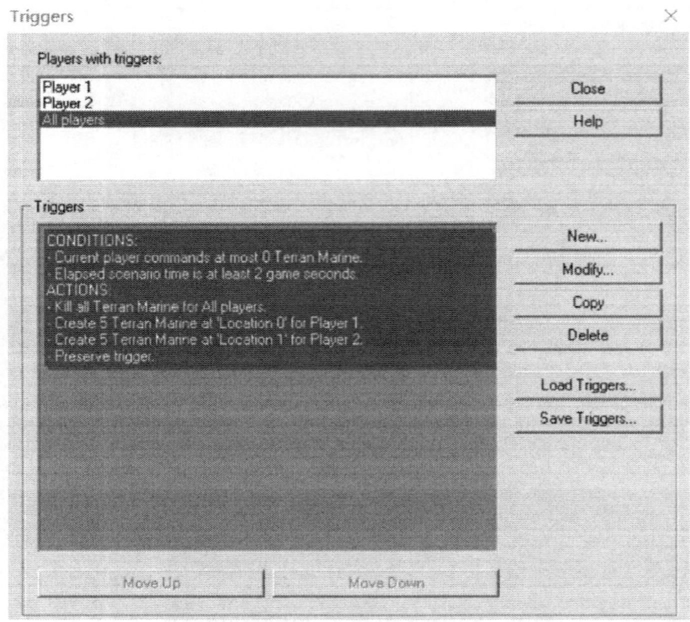

图 B.6　双击 All players 的 Trigger

参 考 文 献

[1] 田渊栋. 阿法狗围棋系统的简要分析[J]. 自动化学报, 2016, 42(5): 671-675.

[2] Silver D, Huang A, Maddison C J, et al. Mastering the game of Go with deep neural networks and tree search[J]. Nature, 2016, 529(7587): 484-489.

[3] Moravčík M, Schmid M, Burch N, et al. DeepStack: Expert-level artificial intelligence in heads-up no-limit poker[J]. Science, 2017, 356(6337): 508-513.

[4] Devarakonda M, Tsou C H. Automated problem list generation from electronic medical records in IBM Watson[C]. Association for the Advancement of Artificial Intelligence, Austin, 2015: 3942-3947.

[5] Mnih V, Kavukcuoglu K, Silver D, et al. Playing Atari with deep reinforcement learning[J]. arXiv:1312.5602, 2013.

[6] Mnih V, Kavukcuoglu K, Silver D, et al. Human-level control through deep reinforcement learning[J]. Nature, 2015, 518(7540): 529-533.

[7] van Hasselt H, Guez A, Silver D. Deep reinforcement learning with double Q-learning[C]. Association for the Advancement of Artificial Intelligence, Phoenix, 2016: 5.

[8] Bellemare M G, Ostrovski G, Guez A, et al. Increasing the action gap: New operators for reinforcement learning[C]. Association for the Advancement of Artificial Intelligence, Phoenix, 2016: 1476-1483.

[9] Schaul T, Quan J, Antonoglou I, et al. Prioritized experience replay[J]. arXiv:1511.05952, 2015.

[10] Wang Z, Schaul T, Hessel M, et al. Dueling network architectures for deep reinforcement learning[J]. arXiv:1511.06581, 2015.

[11] Hausknecht M, Stone P. Deep recurrent *Q*-learning for partially observable MDPs[C]. Association for the Advancement of Artificial Intelligence, Austin, 2015: 29-37.

[12] Lillicrap T P, Hunt J J, Pritzel A, et al. Continuous control with deep reinforcement learning[C]. International Conference on Learning Representations, San Juan, 2016.

[13] Coulom R. Efficient selectivity and backup operators in Monte-Carlo tree search[C]. International Conference on Computers and Games, Turin, 2006: 72-83.

[14] Mnih V, Badia A P, Mirza M, et al. Asynchronous methods for deep reinforcement learning[C]. International Conference on Machine Learning, New York, 2016.

[15] Schulman J, Wolski F, Dhariwal P, et al. Proximal policy optimization algorithms[J]. arXiv:1707.06347, 2017.

[16] Sukhbaatar S, Szlam A, Fergus R. Learning multiagent communication with backpropagation[C]. Neural Information Processing Systems, Barcelona, 2016: 2252-2260.

[17] Foerster J N, Assael Y M, Freitas N D, et al. Learning to communicate with deep multi-agent reinforcement learning[C]. Neural Information Processing Systems, Barcelona, 2016: 2137-2145.

[18] Peng P, Yuan Q, Wen Y D, et al. Multiagent bidirectionally-coordinated nets: Emergence of human-level coordination in learning to play StarCraft combat games[J]. arXiv:1703.10069, 2017.

[19] Lowe R, Wu Y, Tamar A, et al. Multi-agent actor-critic for mixed cooperative-competitive environments[C]. Neural Information Processing Systems, Long Beach, 2017: 6379-6390.

[20] Foerster J, Farquhar G, Afouras T, et al. Counterfactual multi-agent policy gradients[C]. Association for the Advancement of Artificial Intelligence, New Orleans, 2018: 2974-2982.

[21] Shao K, Zhu Y H, Zhao D B. StarCraft micromanagement with reinforcement learning and curriculum transfer learning[J]. IEEE Transactions on Emerging Topics in Computational Intelligence, 2018, 3 (1) : 73-84.

[22] Sun P, Sun X, Han L, et al. TStarBots: Defeating the cheating level builtin AI in StarCraft II in the full game[J]. arXiv:1809.07193, 2018.

[23] Pang Z J, Liu R Z, Meng Z Y, et al. On reinforcement learning for full-length game of StarCraft[J]. arXiv: 1809.09095, 2018.

[24] Robertson G, Watson I. A review of real-time strategy game AI[J]. AI Magazine, 2014, 35 (4) : 75-104.

[25] Ontanón S, Synnaeve G, Uriarte A, et al. A survey of real-time strategy game AI research and competition in StarCraft[J]. IEEE Transactions on Computational Intelligence and AI in Games, 2013, 5 (4) : 293-311.

[26] 张宏达, 李德才, 何玉庆. 人工智能与“星际争霸”: 多智能体博弈研究新进展[J]. 无人系统技术, 2019, (1) : 5-16.

[27] Vinyals O, Ewalds T, Bartunov S, et al. StarCraft II: A new challenge for reinforcement learning[J]. arXiv:1708.04782, 2017.

[28] Nowé A, Vrancx P, Hauwere Y M L D. Game Theory and Multi-agent Reinforcement Learning[M]. Berlin: Springer, 2012.

[29] Buşoniu L, Babuška R, Schutter B D. Multi-agent Reinforcement Learning: An Overview[M]. Berlin: Springer, 2010.

[30] Littman M L. Value-function reinforcement learning in Markov games[J]. Cognitive Systems Research, 2001, 2 (1) : 55-66.

[31] Lauer M, Riedmiller M. An algorithm for distributed reinforcement learning in cooperative multi-agent systems[C]. The Seventeenth International Conference on Machine Learning, Stanford, 2000: 535-542.

[32] Claus C, Boutilier C. The dynamics of reinforcement learning in cooperative multiagent systems[C]. The 15th National/10th Conference on Artificial Intelligence/Innovative Applications of Artificial Intelligence, Madison, 1998: 746-752.

[33] Kapetanakis S, Kudenko D. Reinforcement learning of coordination in cooperative multi-agent systems[C]. Association for the Advancement of Artificial Intelligence, Edmonton, 2002: 326-331.

[34] Vlassis N. A concise introduction to multiagent systems and distributed artificial intelligence[J]. Synthesis Lectures on Artificial Intelligence & Machine Learning, 2007, 1 (1) : 71.

[35] Littman M L. Markov games as a framework for multi-agent reinforcement learning[C]. The 11th International Conference on Mechine Learning, New Brunswick, 1994: 157-163.

[36] Hu J, Wellman M P. Nash Q-learning for general-sum stochastic games[J]. Journal of Machine Learning Research, 2003, 4 (4) : 1039-1069.

[37] Littman M L. Friend-or-Foe Q-learning in general-sum games[C]. The 8th International Conference on Machine Learning, Williamstown, 2001: 322-328.

[38] Bowling M, Veloso M. Multiagent learning using a variable learning rate[J]. Artificial Intelligence, 2002, 136(2): 215-250.

[39] Chang Y H, Ho T, Kaelbling L P. All learning is local: Multi-agent learning in global reward games[C]. Neural Information Pcocessing Systems, Vancouver and Whistler, British Columbia, 2003: 807-814.

[40] Sunehag P, Lever G, Gruslys A, et al. Value-decomposition networks for cooperative multi-agent learning[J]. arxiv: 1706. 05296, 2017.

[41] Synnaeve G, Nardelli N, Auvolat A, et al. TorchCraft: a library for machine learning research on real-time strategy games[J]. arxiv: 1611. 00625, 2016.

[42] Lee D, Tang H, Zhang J O, et al. Modular architecture for StarCraft II with deep reinforcement learning[C]. Artificial Intelligence and Interactive Digital Entertainment Conference, Edmonton, 2018: 187-193.

[43] Tian Y D, Gong Q C, Shang W L, et al. Elf: An extensive, lightweight and flexible research platform for real-time strategy games[C]. Advances in Neural Information Processing Systems, Long Beach, 2017: 2659-2669.

[44] Konda V. Actor-critic algorithms[J]. SIAM Journal on Control & Optimization, 2003, 42(4): 1143-1166.

[45] Usunier N, Synnaeve G, Lin Z, et al. Episodic Exploration for deep deterministic policies: An application to StarCraft micromanagement tasks[J]. arXiv: 1609.02993, 2016.

[46] Rashid T, Samvelyan M, de Witt C S, et al. QMIX: Monotonic value function factorisation for deep multi-agent reinforcement learning[C]. International Conference on Machine Learning, Stockholm, 2018: 4292-4301.

[47] Salimans T, Ho J, Chen X, et al. Evolution strategies as a scalable alternative to reinforcement learning[J]. arxiv: 1703.03864, 2017.

[48] Brockhoff D, Auger A, Hansen N, et al. Mirrored Sampling and sequential selection for evolution strategies[J]. Lecture Notes in Computer Science, 2010, 6238: 11-21.

[49] Sehnke F, Osendorfer C, Rückstiess T, et al. Parameter-exploring policy gradients[J]. Neural Networks, 2010, 23(4): 551-559.

[50] Simonyan K, Zisserman A. Very deep convolutional networks for large-scale image recognition[C]. International Conference on Learning Representations, San Diego, 2015.

[51] Graves A. Long short-term memory[J]. Neural Computation, 1997, 9(8): 1735-1780.

[52] Cho K, van Merrienboer B, Gulcehre C, et al. Learning phrase representations using RNN encoder-decoder for statistical machine translation[C]. Empirical Methods in Natural Language Processing, Doha, 2014: 1724-1734.

[53] Schuster M, Paliwal K K. Bidirectional recurrent neural networks[J]. IEEE Transactions on Signal Processing, 1997, 45(11): 2673-2681.